시너시스
시스템융합

Synesis
The Unification of Productivity, Quality,
Safety and Reliability

레질리언트시스템스✚연구소

시너시스
시스템융합

지은이	에릭 홀라겔
옮긴이	홍성현

발행인	홍성현
발행처	레질리언트시스템스플러스 연구소
Tel	031 445 7557
Fax	031 445 7558
E-mail	resiliencehong@gmail.com
출판등록	2020년 5월 13일
등록번호	제384-2020-000025호

정가	20,000원
ISBN	979-11-970928-1-7

무단전재와 복제를 금합니다.

Authorised translation from the English language edition published by Routledge,
a member of the Taylor & Francis Group.
This Korean translation edition © 2021 by Institute of Resilient systems plus,
Republic of Korea.

이 책의 한국어판 저작권은 저작권자와의 독점계약으로 한국 내에서 보호를 받는 저작물
이므로 무단전재와 무단복제를 금합니다.

시너시스(Synesis)

오늘날의 대규모 조직, 비즈니스 및 사회제도의 복잡성으로 인해 획일적 사고에 기반한 관리방식은 더욱 어려워진다. 대부분의 산업과 서비스 조직은 그들의 성과를 생산성, 품질, 안전성 등의 단일 관점에서 바라보거나, 조직의 사일로에 존재하는 서로 다른 별개의 관점에서 바라본다. 품질은 안전과 분리되어 취급하며, 이는 다시 생산성도 별개로 취급한다. 단기적으로는 분리된 사고가 편리할 수 있지만, 특정 관점에서는 발생한 현상의 일부만 나타난다는 것을 인식하지 못한다. 그러나 일상의 변화를 관리하고 조직의 수행 업무에서 우월성을 보장하기 위해서는, 효과적으로 기능하는 방법에 대한 융합된 관점을 갖는 것은 필수적이다.

시너시스는 조직이 의도한 대로 활동을 수행하기 위해 필요한 상호의존적 우선순위, 관점, 실천 등을 나타낸다. 변화관리의 패러다임을 특징짓는 초점, 범위, 시간의 단편화를 극복하는 방법을 보여준다. 이

책은 특정한 생산성, 품질, 안전성, 신뢰성에 관한 것이 아니라 이 모든 것을 통합하고 융합한 것이다. 이들을 전체적으로 함께 생각하는 것이 왜 필요하며, 실제로 어떻게 실행될 수 있는지에 관한 것이다.

에릭 홀나겔(Erik Hollnagel)은 옌셰핑 대학교(Jönköping university in Sweden)의 선임교수이자 맥쿼리 대학교(Macquarie university in Australia) 객원교수이다. 대학, 연구센터 등, 여러 나라와 다양한 산업에서 경력을 쌓았다. 산업안전 및 복잡계 시스템분석 분야에서 국제적으로 인정받은 전문가이며, 레질리언스 엔지니어링과 Safety-II 의 개념 및 이론을 정립하였고 현재도 심층연구에 집중하고 있다. 500여 편 이상의 논문과 31권의 저서가 있다.

https://erikhollnagel.com

한국어판 발행을 축하하며,

《시너시스: 생산성, 품질, 안전성 및 신뢰성의 융합》의 소개글을 쓸 수 있게 되어 매우 기쁘다. 레질리언스 엔지니어링이 안전분야에 관한 논의에 처음 등장한 2004년 이후, 안전은 "사고의 부재" 그 이상이며, 별도로 분리시켜 관리될 수 없는 주제라는 인식이 커지고 있다.

레질리언스 엔지니어링은 일상의 일이 어떻게 왜 잘 진행되는지에 대해서도 초점을 맞추고, 예상하였거나 예상치 못한 조건에서도 요구된 기능이 유연하게 수행되어야 한다는 것을 초기부터 주장하였다. 안전을 그 자체의 문제로 취급하여 특정한 도구와 방법으로 관리하는 것이 오랜 전통이며, 생산성과 품질 등도 동일한 방식으로 다루는 전통을 갖고 있다. 그러나 기업의 성과를 좀 더 폭넓게 고려하면, 안전은 분명히 기업의 한 측면일 뿐이며 생산성이나 품질 등도 마찬가지이다.

점점 더 혼란스러운 세상에서 성공적인 일상을 지속하기 위해서는 전통적으로 분리된 이슈가 어떻게 상호 연관되어 있는지를 인식하고 그 상황에 맞춰 다룰 수 있는 융합된 관점이 바탕이 되어야 한다. 따라서 분리되고 단편화된 전통적인 개념을 극복하고, 시스템의 수행력을 전체적으로 고려하여, 하나의 일시적 상황을 보는 것으로부터 중장기적으로 어떻게 서로 연관되어 있는지 살펴보는 것으로 변화시켜야 한다.

이 책을 한국 독자들에게 소개해주신 홍성현 선생에게 매우 감사한다. 이 책에 관심을 갖고 융합적인 관리방식으로 나아가는 움직임에 동참해 주길 바란다.

에릭 홀라겔

2021년 12월

SYNESIS - 융합 · 패러다임의 전환

빠르고 복잡하게 변하는 시대의 요구에 부응하여 리스크의 개념 및 범위조차도 확대 변경되었다. 여러 요인들이 결합되어 결과에 영향을 미치는 상호작용과, 서로 원인도 되고 결과도 될 수 있는 상호의존성 역시 증가하므로, 각 요인 간 상대적 무지의 상태는 더욱 혼란스럽게 얽혀진다.

조직의 생산, 품질, 경영, 안전 측면뿐 아니라 일상생활의 모든 것도 연결되어 서로 영향을 주므로, 발생된 사고나 실패로부터 배우고 예방하는 어제의 개념만으로는 더 이상의 안전이 담보될 수는 없다. 그러나 다른 모든 조건은 동일하다는 신념과 명분으로, 오늘도 변함없이 어제의 모델을 이용한다.

새로운 환경은 항상 새로운 능력을 요구하며 그 능력은 해당시스템 상황의 본질과 부합해야 한다. 따라서 어제의 모든 개념과 이론은 오늘의 상황과 대응되도록 재해석되고 재정립되어야 한다. 건강하고 안전한 사회를 만드는 책임과 의무는 우리 모두에게 있으며, 패러다임의 변화는 세상이 바뀌거나 시설이나 제도가 바뀌는 것이 아니라, 그것을 바라보는 스스로의 관점을 바꾸는 것이다. 이 책이 몇 시간 내 편하게 소화할 수 있는 내용은 결코 아니더라도, 독자의 다양한 관점을 위해 조금이라도 도움이 되기를 진심으로 바란다.

홍 성 현

2021. 12. 25

목 차

1. 단편적 관점
    1-1 소개 · 13
    1-2 생산성, 품질, 안전 및 신뢰성 · · · · · · · · · · · · · · 18
    1-3 단편적 관점의 기원· · · · · · · · · · · · · · · · · · 20
    1-4 다루기 쉬운 시스템, 다루기 어려운 시스템, 얽힌 시스템 25

2. 단편적 관점의 역사적 이유
    2-1 소개 · 32
    2-2 생산성 · 34
    2-3 품질 · 41
    2-4 안전 · 52
    2-5 신뢰성 · 59
    2-6 공동 유산 · 66

3. 단편적 관점의 심리적 이유
    3-1 소개 · 68
    3-2 심리적 기반 단편화의 결과 · · · · · · · · · · · · · · 85
    3-3 융합(Synesis)-뫼비우스선 · · · · · · · · · · · · · · 92

4. 변화관리의 기초

    4-1 소개 · 95

    4-2 항해 비유 · 96

    4-3 정상관리와 변화관리 · · · · · · · · · · · · · · 104

    4-4 변화관리 신조 · · · · · · · · · · · · · · · · · · · 123

5. 단편적 변화관리

    5-1 소개 · 128

    5-2 생산성 관리 · 129

    5-3 품질 관리 · 133

    5-4 안전 관리 · 136

    5-5 신뢰성 관리 · 137

    5-6 변화관리 사고력 단편화 · · · · · · · · · · · · 142

    5-7 변화의 필요성 · · · · · · · · · · · · · · · · · · · 144

    5-8 단편화 주제 · 162

6. 융합적 변화관리

    6-1 소개 · 173

    6-2 초점의 단편화 처리 · · · · · · · · · · · · · · 176

    6-3 범위의 단편화 처리 · · · · · · · · · · · · · · 190

    6-4 시간의 단편화 처리 · · · · · · · · · · · · · · 201

    6-5 시스템 변화의 기본적 동태 · · · · · · · · · · 213

7. 필요한 지식의 결합

    7-1 소개 · 220

    7-2 시스템에 대한 지식 · · · · · · · · · · · · · · 222

    7-3 변동성에 대한 지식 · · · · · · · · · · · · · · 230

    7-4 수행패턴에 대한 지식 · · · · · · · · · · · · · 236

    7-5 결론 · 239

참고문헌 · 241

제1장 - 단편적 관점(A fragmented view)

1-1 소개(Introduction)

선진국이든 개발도상국이든 현대사회의 기본구조를 구성하는 조직과 기업은 그 목적이 무엇이든 다양한 방법으로 특성화할 수 있다. 조직은 여러 가지가 가능하도록 역동적이고 창의적이며, 효율적이고 경쟁적이면서, 민첩하고 유연해야 한다. 그러나 오늘날의 환경에서 조직은 더 이상 상대적 독립성을 유지하며 자연스러운 속도로 발전하고 성숙할 수가 없다. 계획된 개선 또는 계획되지 않은 방해와 혼란 같은 내외부의 변화는 너무나 빈번하고 빠르게 발전하기 때문에 단순하고 자연스런 개발 속도만으로는 충분하지 않다. 조직이 생존하고 번창하기 위해서는 변화를 강요하거나 요구하는 상황의 본질과 조직의 능력은 근본적으로 부합해야 한다.

조직을 관리하고 계획하기 위한 일반적인 관행은, 조직이 규제할 수 있는 내부요인과 일반적으로는 규제할 수 없는 외부요인을 구분하는 것이다(제7장 시스템 경계 참조). 내부요인에는 인프라를 제공하는 기술과 조직이 일하고 생산하는 수단과 같은 유형자산뿐만 아니라 직원의 도덕관념, 회사정책 및 문화와 같은 무형자산도 포함된다. 외부요인은 더욱 다양하며, 조직이 필요로 하는 자원, 법률 및 다른 요인에 의해 시행된 규칙과 규정, 자연재해나 정치적 혼란과 같은 예상치 못한 상황도 포함한다. 또한 이익집단, 선호하는 변화나 욕구 등과 같은 사회적 요인이나 경향, 상대적이거나 절대적 경쟁자, 거시적 또는 미시적 수준의 경제, 그리고 과학기술 또한 외부요인에 포함된다. 내부요인은 규제 하에 있는 것이 바람직하지만 외부요인은 일반적으로 그렇지 않다. 따라서 관리(Management)란 원칙적으로 제어할 수 있는 내부요인과 제어할 수 없는 외부요인에 대한, 예측 불가능한 상황에 대처하려는 시도로 볼 수 있다.

   본서 전체에서 호환되는 의미로 사용하는 시스템 또는 조직의 수행력에 대한 관리는 항상 하나 이상의 이슈나 기준(Criterion)이 연관된다. 그 기준은 특성 및 원하는 규모 측면에서 일어나야 할 것들을 설명하는 참고사항으로써 이해하고, 조직의 강령과 혼동해선 안 된다. 강령은 조직의 존재 이유를 설명한다. 제공하는 제품 또는 서비스 종류와 같은 운용 목표가 무엇인지, 주요 이용자와 고객은 누구이며 시장이 어디인지를 설명한다. 보통 여기에는 조직의 가치나 철학, 원하는 미래 "비전"이 포함된다. 강령은 조직의 존재이유를 설명하고 기준은 조직이 얼마나 잘 운용되는지 판단하기 위해 참고로 이용한다. "최고 품질의 항공운송 서비스를 제공하고 주주와 직원의 이익을 위해 수익을 극대화하는데 전념하는 글로벌기업"은 항공사의 강령이 될 수 있다. 그러나 기장은 비행기에 탑승하면 "안전 최우선"을 강조하며 인사한다. 비즈니스는 사람을 운송하는 것일 수 있지만, 그 일을 안전하게 수행하는 것은 여러 판단기준 중 하나이다. 보잉이 737MAX 문제를 극복하기 위해 고군분투하던 시기에 전 회장 겸 CEO인 데니스 뮬렌버그는 "우리 비행기 탑승객과 승무원의 안전보다 더 중요한 일은 없다."고 공표했다. 이는 2019년 7월 737MAX 항공기의 전 세계 이륙금지조치와 관련된 비용을 충당하며 49억 달러의 타격을 입었을 때 일이었다. 그해 12월 보잉은 문제의 737MAX 기종의 생산을 2020년 1월부터 일시적으로 중단할 것이라고 발표했다.

생산을 하거나 서비스를 제공하거나 안전은 모든 조직에서 중요하지만 유일한 이슈는 아니다. 제품구매나 서비스 이용을 고객에게 의존하는 회사에게 품질은 특히 중요한 또 다른 이슈이다. 생산성이나 효율성은 고객보다도 조직과 투자자에게 더 중요할 수 있는 세 번째 쟁점이 된다. 물론 어떤 쟁점도 다른 것들과 분리하여 고려할 수 없다는 것은 상식이다. 그럼에도 불구하고 그렇게 하는 조직은 편향적이거나 계산적 조직으로 분류할 수 있다. 편향적 조직은 수익성 같은 단일 쟁점에 초점을 맞추고 다른 쟁점은 고려하지 않는다. 계산적 조직은 단일 쟁점을 추구하는 이점이 다른 쟁점을 무시하는 비용을 능가하며 심지어 정당화하여 결정한다. 이들 모두 좋은 조직으로는 간주되지 않는다. 그러나 다양한 쟁점을 고려하는 조직조차도 그 문제들을 다 함께 고려하지

16 시너시스 : 시스템융합

않고 하나씩 결정하는 경향이 있다. 어느 회사에서도 이러한 쟁점은 쉽게 찾아볼 수 있으며 일반적으로는 그림1.1에 표시된 조직도와 유사하다.

그림1.1에 표시된 (가상)조직의 경우, 각 사업 단위에는 생산관리자와 품질관리자가 있다. 이들은 보고체계를 통해 부서장에게 보고하고, 부서장들은 다시 상무이사에게 보고한다. 또한 사업 단위뿐만 아니라 조직 전반적으로 안전을 책임지는 관리자도 있다. 안전관리자는 OHS부서에 보고하고 OHS위원회와 연락을 취한다. 이러한 조직의 전형적인 점은 여러 전문 관리직책이 있다는 것이다. 각자 고유한 역할, 사람, 자원 및 역량이 있으며 개별적 특정 주안점과 수행기준을 갖고 있다. 각 조직의 공통점이나 역할을 상위에 보고할 수 있지만 각 직책은 서로 다른 주안점을 갖고 있으며 함께 일하는 것이 아니라 서로 독립적으로 일을 한다.

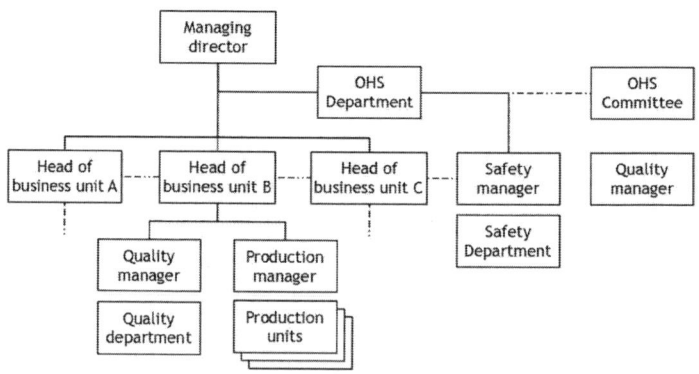

그림1.1 일반 조직도

- 어떤 조직은 생산성과 상관없이 안전이 최우선이지만 결코 안전하지 않다. 적어도 과거의 안전 관점에서 보면 안전은 생산적이기 보다 방어적이며, 수익측면이기 보다 비용측면이다. 결국 아무것도 생산되지 않으면 안전을 위한 자원은 없는 것이다.
- 어떤 조직은 생산성이 최우선이지만 안전이나 품질과 관련 없는 생산성은 있을 수가 없다. 불충분한 안전은 생산성을 약화시키거나 방해할 수 있는 사건사고의 발생 가능성도 된다. 따라서 안전이 없다면 생산도 위태로워질 것이다. 마찬가지로, 부족한 품질은 시장점유율이 낮아져 이 또한 생산성에 영향을 미친다.
- 어떤 조직은 품질이 최우선이지만 생산성이나 안전성과 관련 없는 품질은 있을 수가 없다. 품질보증은 수익성을 향상시킬 수는 있지만 생산성을 향상 시키지는 않는다. 반대로 품질이 낮아지면 생산흐름이 흔들리기 때문에 안전성도 불충분한 것 같은 영향을 미친다.
- 어떤 조직은 신뢰성이 최우선이지만 다른 경우와 마찬가지로 생산성과 관련 없는 신뢰성은 있을 수 없다. 생산성뿐만 아니라 안전과 품질측면도 조직원 및 기술요소의 신뢰성에 크게 의존한다.

안전이 품질에 어떻게 의존하며 신뢰성에는 어떻게 의존하는지, 생산성이 품질에 어떻게 의존하고 신뢰성에 어떻게 의존하는지 등에 대한 동일한 논쟁이 있을 수 있다. 다양한 문제가 어떻게 서로 협력적이거나 적대적 방식으로 연관되어 있는지 고려하지 않고 조직을 관리하는 것은 현명하지 않으며 결국은 불가능하게 된다. 그럼에도 불구하고 조직은 일반적인 방법으로 관리되고 있다. 해결책은 어렵지 않다. 문제를 하나씩 고려하지 않고 모두 함께 고려하는 것이다. 문제는 이것을 수행할 수 있는 실현 가능한 방법인데, 이 책이 그 내용을 담고 있다.

1-2 생산성, 품질, 안전 및 신뢰성
(Productivity, quality, safety and reliability)

독자들은 이 시점에서 다른 주제들 이외에 생산성, 품질, 안전 및 신뢰성의 4가지 주제에 대해 언급하는 이유가 궁금할 수 있다. 그 이유는 이 4가지 주제가 사실상 모든 조직에 필수적이기 때문이다. 이 쟁점들은 조직의 중심인 비즈니스 또는 서비스 유형에 따라 가중치나 중요도가 다를 수 있다. 예를 들어 병원의 경우, 환자의 안전에 대한 우려에도 불구하고 안전과 신뢰성보다 품질과 생산성이 더 중요할 수 있다. 항공사의 경우 최소한 탑승객과 관련하여서는 안전 최우선이 일반적이다. 엔지니어링 기업 또는 통신과 같은 공공서비스 제공업체의 경우는 서비스의 신뢰성이 가장 중요한 평가가 될 수 있다. 소비재 제조기업의 경우는 품질이 더 중요할 수 있다. 상대적 중요성은 조직과 경영진의 시계(Time horizon)에 따라 달라질 수 있으며, 장기보다 단기에 더 많은 관심을 둔다. 그 이유도 실용적이며 4가지 쟁점이 전부는 아니다. 지속가능성, 고객 또는 사용자 만족도, 직원들의 웰빙, 환경영향 등의 다른 쟁점들도 있다. 독자들이 책을 읽으며 다른 쟁점으로 대체하거나 추가할 수도 있다. 그러나 목록을 확대 적용한다고 해서 근본 주장이 바뀌는 것은 아니며 조금 더 번거로울 뿐이다. 즉 개별적이 아니라 전체적으로 함께 판단할 필요가 있다. 아래의 예와 같이 한 가지 쟁점이 지배적이어서 다른 쟁점이 제외될 때 발생할 수 있는 일은 쉽게 찾아 볼 수 있다.

도심 지하철(The City Circle Line)

도심 지하철은 지난 400년 동안 덴마크 코펜하겐에서 진행된 가장 큰 순환선 건설 프로젝트였다. 기존 지하철 노선에 대한 확장공사는 2007년 덴마크 의회의 승인을 받았으며, 2013년 착공하였다. 개통은 2018년 12월 예정되었으나 2019년 7월까지 연기되었고 실제로는 2019년 9월에 개통하였다(물론 예산은 초과되었다).

공사를 시작했을 때 CMT(Copenhagen Metro Team)의 목표는 백만 시간 작업당 최대 16건의 사고였다. 2019년 7월 실제 사고건수는 백만 시간당 20.6건의 사고로 약 25%이상 높았다. 이유는 찾기 쉽다. 하청업체는 공사 지연을 줄이기 위해 기한을 엄격하게 준수해야했다. 따라서 주요 문제는 안전성보다 생산성이었다. 대형 콘크리트 블록에 왼쪽 팔이 깔린 작업자는 가능한 한 빨리 작업해야한다는 상당한 압력을 받고 있었다고 했다. 그런 요구를 거절할 수 없었냐는 질문에 그가 거절했다면 현장관리자는 다른 사람으로 대체시켰을 것이고, 결과적으로 직업을 잃었을 것이라고 대답했다.

1-3 단편적 관점의 기원(The origins of the fragmented view)

조직이 계획한 상태로 회귀하지는 않더라도, 경험상 한 쟁점을 다른 쟁점보다 우선시 하는 것이 나쁘다는 것은 알 수 있다. 대부분의 조직은 이를 깨닫고 그림1.1에서 볼 수 있듯이 단편적 방식이지만 여러 문제를 동시에 추구하려한다. 조직에는 안전부서, 품질부서, 다수의 생산부서 등이 있을 수 있다. 그러나 각부서는 강력하게 보호되는 기능적인 사일로(Silo)에서 독립적으로 기능한다. 이로 인해 직원이나 부서 간 정보나 지식은 서로 공유하기 어렵고 정보공유는 규칙예외 방식으로 연결되는 경우가 많다. 이는 직원이 자신의 전문분야에 집중하고 산만함을 줄이는데 도움은 되지만, 변화에 대한 저항, 부서 간 의사소통 및 협업의 어려움, 작업 반복 또는 목표 상충, 불필요한 중복 및 잘못된 의사결정을 포함하여 관련된 모든 사람들에게 내외부 문제가 과도하게 발생할 수 있다. 그럼에도 불구하고 조직은 각기 다른 쟁점을 별도로 추구하는 것, 즉 통합적 시각(Unified view)보다 단편적 시각을 갖고 있다는 것이 규칙인 것 같다. 왜 그럴까? 적어도 역사적이며 심리적인 주된 이유가 있는 것으로 보인다.

단편화의 역사적 이유(Historical reasons for fragmentation)

문제를 사전에 예방하는 것이 아니라 문제가 발생했을 때 처리하는 것은 사실상 인간의 보편적 특성이다. 역사적 관점으로 보면 서로 다른 시기에 두각을 나타낸 4가지 쟁점도 마찬가지다. 그림1.2는 각 쟁점들의 보고서 또는 책의 발표년도를 나타낸다. 그것은 물론 특정 순간에 데우스 엑스 마키나(Deus ex machina)로 나타났거나, 제우스의 이마에서 완전히 무장하고 태어난 아테나처럼 최종 형태로 나왔다는 의미는 아니다. 각 쟁점들은 오래전부터 알려져 있었지만, 각 해결책이 한동안은 문제를 부분적 또는 전체적으로 해결할 수 있었고, 그로 인해 주목할 만한 상당한 진전이 허용되었다. 해결책을 찾는 실무자들이 일관성 있는 이론적 처리방법을 처음으로 받아들인 것이었다. 따라서 각 개념이 대중의 인식을 얻은 시점을 탄생 순간으로 표시하였다.

주목이 집중된 첫 번째 쟁점은 생산성이었으며 과학적 관리운동을 구실로 전면에 등장했다. 과학적 관리는 경제적 효율성과 노동생산성의 향상을 주된 목표로 작업흐름을 분석하고 통합하는 접근방식이다. 창립자인 테일러(Taylor)의 이름을 따서 테일러리즘으로 불리며, 1911년 테일러의 단행본 과학적 관리법(The Principles of Scientific Management)이 출판된 시기를 그 날짜로 기입하였다.

다음으로 품질과 안전이 우연히 같은 해에 나타났다. 품질에 대한 관심은 1931년 슈하르트(Walter A. Shewhart)의 저서 생산제품의 경제적 품질관리(Economic Control of Quality of Manufactured

Product)에 나타난다. 이 저서에 공표된 목표는 생산된 제품의 품질을 경제적으로 관리하기 위한 과학적 기반을 개발하는 것이었다. (제품 품질에 대한 관심은 분명하게 항상 우려했던 것이었으므로 인간이 인공물을 만들었던 시간으로 거슬러 올라간다. 동등한 입장에서 생산성과 안전성에 대해서도 마찬가지다.) 슈하르트는 벨 전화연구소 검사부서에 근무하는 통계학자였다. 안전에 대한 체계적인 관심은 1931년 하인리히(Heinrich)의 저서 산업재해예방: 과학적 접근(Industrial Accident Prevention: A Scientific Approach)에서 나타났다. 하인리히는 여행자 보험회사의 엔지니어링 및 검사부서 부감독이었으므로 산업사고가 발생한 이유와 그 예방법을 이해하기 위해 관심을 가졌다.

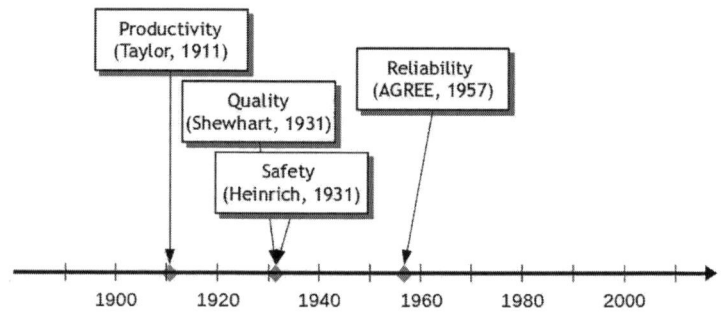

그림1.2 단편화의 역사적 이유

돌이켜 보면 두 책과 두 저자가 서로 관련이 있고 서로를 알았다면 합리적이거나 자연스러웠을 것이다. 일반적으로 서로 다른 부서나 다른 사일로에 속하더라도 안전과 품질은 분명히 함께 한다. 그러나 하인리히와 슈하르트가 서로를 알고 있었다거나 심지어 서로에 대해 알고 있었다는 암시는 찾아볼 수 없다. 아마도 이는 단편적 관점의 또 다른 증상일 것이다.

네 번째 쟁점인 신뢰성은 1957년 AGREE(Advisory Group on Reliability of Electronic Equipment)에서 발행한 "군용전자장비의 신뢰성"이라는 보고서에 나온다. AGREE는 1950년 미국방부와 미국 전자산업이 공동으로 설립했다. 자문그룹은 "신뢰성을 특정하고, 배분하며, 입증할 수 있다는 확신으로 모든 군대에 제공했다. 즉, 신뢰성 공학의 규제가 존재했다"(Saleh & Marais, 2006). 물론 신뢰성은 일반적으로 신뢰의 존재와 연관된 인간의 자질로서 항상 관심사였다. 그러나 AGREE는 신뢰성을 인간의 자질보다는 기술로서 관심을 가졌다. 시스템에 전자부품 및 장치가 급속하게 도입되면서 그 필요성이 군대를 시작으로, 이후에는 민간에게도 증대되었다. 초기에는 구성요소를 신뢰할 수 없었지만, 사람들과 조직, 특히 군대는 신뢰성에 전적으로 의존하게 되었고, 따라서 신뢰성에 대한 재확인이 필요하게 되었다. 이 4가지 쟁점은 제2장에서 더 자세히 설명한다.

1911년 생산성이나 효율성이 과학적 관리대상의 초점이었을 때, 품질과 안전은 작은 문제였다. 사고는 항상 발생했지만 100년 전에는 산업재해가 용납할 수 없거나 감당할 수 없을 정도로 빈번하거나 심각하지도 않아서, 오늘날에는 이해할 수도 없는 방식으로 용인되었다. [사고(Accident)의 기원은 라틴어동사 Accidere 로, "쓰러지다(Fall down)" 또는 "떨어지다(Fall)"라는 의미에서 유래한다.] 품질 문제도 아직은 생산성과 동일한 정도의 쟁점도 아니었다. 몇십 년 후 안전과 품질 모두가 주요 관심사가 된 것은 생산성 문제가 해결되었다거나, 충분히 규제되어 더 이상 주요 쟁점이 되지 않았기 때문은 아니었다. 신뢰성은 매번 비즈니스 문제로 간주되었기 때문에 분명한 쟁점으로 되어 더 큰 이익을 방해한다는 의미로써 이전부터 세 차례나 등장했다. 각 쟁점의 주요동기는, 사람들의 웰빙이나 사회의 더욱 큰 이익에 대한 관심이라기보다 비용 및 효율성에서 비롯되었다.

단편화의 심리적 이유(Psychological reasons for fragmentation)

단편화 관점의 또 다른 이유는 분해(Decomposition)를 통해 현상을 이해하려는 심리적 전통, 즉 복잡한 사항을 작은 요소로 분해하는 것과 관련이 있다. 물질은 별개의 단위로 이루어져 있다는 생각은 그리스나 인도의 고대문화에 많이 나타난다. "자를 수 없는" 의미의 Atomos는 고대그리스 철학자 레우키포스(Leucippus)와 그의 제자 데모크리투스(Democritus c. 460-370 BC)가 만들었다. 데모크리투스는 원자는 무한하고, 창조되지 않고 영원하며, 물질의 품질은 그것을 구성하는 원자의 종류에 기인한다고 가르쳤다. 분해는 유기물질이 더 단순한 유기체로 분해되는 과정으로서 실제 물질계의 기본 특성이다.

분해는 무언가를 설명하는 방식이기도 하며, 즉, 분해할 수 없는 원자에 도달할 때까지 분해한 부분과 그 부분을 또 분해한 부분 또는 힉스입자(Higgs boson) 등이 참고로 설명된다. 서양의 과학적 사고방식의 일반 원칙은 문제를 더 작은 구성성분으로 나누고 추론한 다음, 문제를 해결할 수 있다고 생각되는 규모가 될 때까지 계속 더 작은 문제로 분해하는 것이다.

분해의 결과는 지속적으로 증가하는 세부사항과 전문화이다. 실제로 이는 곧 각 부서 또는 사일로가 해당 전문분야에서는 더 진행되고 있지만 다른 전문분야와 점점 더 격리되는 세부화로 이어진다. 관리측면에서 볼 때, 세부화(Departmentalisation)나 자체격리는 조화의 필요성을 줄여 여러 활동을 보다 쉽게 관리할 수 있다는 매력적인 결과가 있다. 이런 방식으로 분해에 대한 심리적 선호도는, 몇 가지만 추적하는 것이 아마도 (정신적으로는) 많이 있는 것보다 더 간단하다는 우리의 인지적 구조(Make-up) 때문일 수 있으며, 인지적 활동으로 볼 수 있는 관리(Management)로 이어진다. 이와 같이 우리는 조직과 그 수행(Performance)을 관리하는 문제를 포함하여 직면한 모든 문제를 분해하여 해결하려고 한다. 단편적 관점의 심리적 이유는 제3장에서 자세히 설명한다.

1-4 다루기 쉬운 시스템, 다루기 어려운 시스템, 얽힌 시스템
(Tractable, Intractable and Entangled systems)

분해는 고전적 분할과 통치(라틴어: Divide et impera) 또는 분할과 정복 원리에 의해 입증된 것처럼 항상 매력적인 접근방식이었다. 분할통치는 정치, 전쟁 및 비즈니스에서 권력을 얻고 유지하기 위해 사용되었다. 집중된 큰 권력으로부터 작은 힘을 가진 개별적인 작은 부분으로 나누어 쉽게 제어하거나 관리할 수 있기 때문에 작동한다. 통합한 전체가 아닌 일부분 또는 단편적 관점에서 보는 것이 동시에 여러 가지를 고려하지 않고 하나씩 고려할 수 있으므로 인지적 작업량(Workload)도 줄일 수 있었다.

함께 처리하지 않고 부분적, 단계적으로 처리하는 단편화 또는 분해원리는 역사적으로 너무나 성공적이어서 무언가를 관리하는 유일한 방법인 것처럼 보였다. 시스템과 조직에 무슨 일이 있었는지 추적하고 작동하는 방법을 이해할 수 있다는 점에서 다루기 쉬웠기 때문에 약 1세기 전에는 효과적으로 작동했다. 그 때문에 (상대적으로) 관리하기도 쉬웠다. 시스템을 관리하려면 "내부"에서 진행되는 사안에 대해 시스템은 무엇이며 어떻게 작동하는지 합리적이고 명확한 설명이나 사양이 있어야 한다. 이는 또한 리스크나 사고조사의 사후상황(post hoc event)분석에서 시스템을 분석하는데 필요하다. 명확하게 설명되지 않고 기능하는 방식을 알 수 없으면 효과적으로 관리할 수 없기 때문이다. 위험평가처럼 일어날 수 있는 일을 상상할 수도 없으며, 관련지식 없이 어떤 일이 왜 일어났는지에 대해 허구적 설명이 아닌 사실적 설명을 만들어내는 것도 불가능하다. 표1.1은 다루기 쉬운 시스템과 다루기 어려운 시스템의 특성을 요약한 것이다.

설명이 간단하며, 일어난 일 대부분이 숨겨져 있지 않고 관찰가능하며, 기능의 원리를 알고 설명이 완료되기 전에는 변하지 않는 경우, 그 시스템은 다루기 쉽다. 반대로, 세부사항이 많거나 발생한 일 상당부분을 관찰할 수 없고, 그 기능의 원리를 부분적으로 알고 있거나 또는 전부 알지 못하는 경우, 설명이 어렵고 완료되기 전에 변하는 경우 시스템은 다루기 힘들다.

표1.1 다루기 쉬운 시스템과 다루기 어려운 시스템의 특성

	다루기 쉬운 시스템	다루기 어려운 시스템
요소(Parts)수 및 세부사항	몇 가지 요소 및 제한적인 세부사항과 간단한 설명	많은 요소 및 세부 사항과 자세한 설명
포괄성(Comprehensibility)	기능의 원리가 알려져 있다. 구조(구성)도 알려져 있다.	기능의 일부 원리는 알려져 있으나 전부는 모른다.
안정성(Stability)	변화가 드물고 보통 소규모이다. 안정적 시스템이므로 충분히 설명 가능하다.	변화가 빈번하고 광범위하다. 충분한 설명이 완료되기 전에 시스템이 변화한다.
시스템요소 및 기능 간 의존	시스템요소 및 기능은 상대적으로 독립적이며 느슨하게 결합되어 있다.	시스템요소 및 기능은 상호의존적이며 밀접하게 결합되어 있다.
다른 시스템과의 관계	독립적, 낮은 수준의 수직-수평 통합.	상호의존적, 높은 수준의 수직-수평 통합.

우리가 오늘날 이용하는 관리 관행의 토대는 대부분 시스템과 조직이 다루기 쉬웠던 시기의 것이다. 그러나 불행하게도 더 이상 그렇지 않으며, 결과적으로 의도치 않게 우리가 의존하도록 만든 많은 시스템

을 관리한다는 것은 점점 더 어려워졌다. 따라서 다루기 쉬운 시스템에서 다루기 어려운 시스템으로 전환된 이유와 방식을 잠시 고려해볼 필요가 있다.

답은 실로 매우 간단하다. 시스템과 조직이 완벽하거나 충분히 명시된 적이 없기 때문이다. 대응 준비가 되지 않았는데 일이 발생하고, 또한 그런 상황은 상상할 수 없었기 때문이지만, 때로는 철저한 분석을 수행하는데 할당된 시간이나 자원이 부족했기 때문이기도 하다. 이것은 필수적 상상력(Requisite imagination)의 문제라는 명쾌한 설명도 있다(Ron Westrum).

보기에는 사소한 결함이 얼마나 비참한 결과를 낳을 수 있는지 생각하면, 무엇이 잘못될지를 예상하는 중요성은 분명해진다. 무엇이 잘못될지 능숙하게 예상하는 것은 잠재적 문제를 식별하고 확인하기 위해 충분한 시간을 갖고 설계에 반영한다는 의미이다. 이것을 필수적 상상력의 능숙함(Fine art)이라고 한다.

(Adamski & Westrum, 2003)

제4장에서 설명하지만, 그보다 앞서 머튼(Merton, 1936)은 예기치 않은 결과의 법칙(Law of Unanticipated Consequences)에서, 목적의식이 있는 행동에 의해 예견되지도, 의도하지도 않은 결과나 성과는 항상 존재할 것이라고 명시하였다.

예상치 못한 일이 발생하면 그 이유를 이해하고 다시 발생하지 않도록 조치를 취하는 것은 자연스러운 반응이다. 이러한 "찾아서 고치기(Find-and-Fix)" 사고방식은 완전성보다 효율성, 특히 응답속도를 더 중요시하게 한다. 따라서 가장 시급한 문제는 종종 해결되지만 거의 깊이 없는 부분 증상처리나 임시방편 해결책이 된다. 이러한 해결책은 불완전할 뿐 아니라 시스템의 취급 용이성을 감소시키며, 이는 점차 다루기 어려운 시스템으로 빠르게 악순환하게 된다(그림4.3과 관련된 논의 참조). "희망은 우리를 오래된 혼란에서의 해결책을 찾도록 유도하고, 이는 훨씬 더 위험한 혼란을 만들어낸다"(Wright, 2004, p.123).

우리는 문제가 이런 식으로 해결할 수 없음을 인정하지 않고 기계적으로 하나씩 해결하려 노력한다. 일반적으로 기능이 어떻게 상호 연결되는지 이해하지 못하며, 따라서 상호간 연결은 전혀 고려하지 않고 기능을 관리하려는 시도는 상황을 악화시킬 뿐이다. 시스템과 기능들이 계속 증가하고 상호간 의존성도 높아짐에 따라, 시스템은 다루기 어려운 수준을 넘어 얽히게(Entangled) 된다. 이 용어는 양자이론에서 빌린 것으로, 입자가 멀리 떨어져 있어도 각 입자의 양자상태를 다른 입자 상태와 독립적으로 설명할 수 없는, 입자의 쌍 또는 그룹이 생성되거나, 상호작용 또는 공간적 근접성을 공유할 때 발생하는 물리적 현상으로 정의된다. 기존의 시스템 및 조직부문에 적용한다면, 이는 시스템 자체뿐 아니라 기능이 본질적으로 연결되거나 얽혀있음을 뜻한다. 시스템은 수많은 부분으로 구성되어 있고 많은 세부사항과 정교한 설명이 필요할 뿐 아니라, 다른 모든 부분을 확인하지 않는 한 어떤 부분도 설명하거나 이해하기 어렵다. 상호 연결된 수많은 부분이 존재한다는 것은 동시에 많은 일이 발생한다는 것을 의미한다.

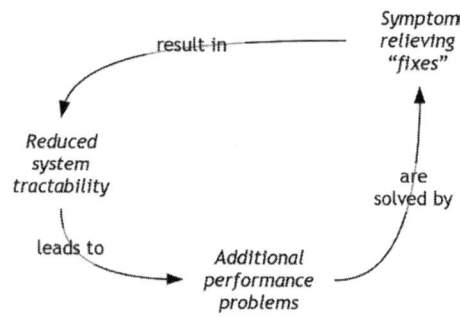

그림1.3 "찾아서 고치기(Find-and-Fix)"의 문제점

 양자 얽힘의 한 가지 특징은 효과가 즉시 발생할 수 있다는 것이다. 물리적 세계와는 다를 수 있지만, 예를 들어 소식과 소문은 빨리 퍼지는 것처럼 어떤 일이 얼마나 순식간에 일어날 수 있는지 종종 놀랍다. 상황이 매우 빠르게 전개되는 이유는 더욱 빠른 의사소통과 조직 내 인식되지 않는 채널이나 결합들이 존재하기 때문이다. 소위 "작은 세상 실험" (Small world problem. Milgram, 1967)은 사회적 네트워크를 특징짓는 듯하다. 또한 역설적으로, 어떤 일이 너무 드물게 발생하거나 너무 느리게 변화하여 인식하지 못할 수도 있다. 지구온난화가 그 대표적인 예이다.
 어떤 조직이든 그 존재를 유지하는데 필요한 조건을 관리하는 것은 필수적이다. 즉, 주변 환경과 직면한 문제를 관리할 수 있어야 한다. 조직이 존재하는 세상의 도전과 기회에 대처할 수 있어야 한다. 그러나 인간은 스스로 만든 세상의 복잡성에 성공적으로 대처할 수 있는 지점을 지나쳤다. 갑자기 모든 것을 다시 관리할 수 있도록 인간이 기적적으로 성장하거나 변화할 수 없는, 제한된 인지능력을 갖고 있다. 세상이 이해될 수 있도록 더 단순하게 만들어 문제를 해결할 수 있는 지점도 지났다. 우리의 희망을 AI와 같은 새로운 기술에 고정시키는 것은, 많은 선례가 보여주듯, 처음부터 기술이나 AI 자체를 이해할 수 없기 때문에 헛된 일이다.

그럼에도 불구하고 이해할 수 있고 도전을 관리할 수 있는 세상을 만드는 방법을 찾아야 한다. (자세한 내용은 제4장에서 다룬다) 결국 우리가 문제에 대처해야하기 때문에 필요한 것이다. 이 책에서 주장하는 접근방식은 구조보다는 기능적인 면, 결과(또는 산출물)보다는 과정적인 면, 안정성과 정적인 것보다는 변동성과 동적인 측면을 고려하는 것이다. 다음 장(제2~6장)에서는 "융합(Synesis)"적인 접근방식을 자세히 소개하고, 제7장에서는 필요한 지식의 연계를 통해 모든 것을 통합하고자 한다.

제2장 - 단편적 관점의 역사적 이유
(Historical reasons for the fragmented view)

2-1 소개(Introduction)

제1장에서 설명했듯이, 이 책에서 고려한 생산성, 품질, 안전, 신뢰성 등 4가지 문제는 각기 다른 시점에 주목을 받았다. 어떻게 서구 산업화 사회가 발전했는지에 대한 흥미로운 설명은 될 수 있지만 어떻게, 왜 일어났는지에 대한 설명은 이 책의 범위를 벗어난다. 그림1.2는 각 주제를 대중의 인식과 기업세계에 소개하는 4종류 출판물에 대한 연대기를 보여준다. 4종류 모두 동일한 이름의 주제나 상표는 아닐 수 있지만 사람들과 사회의 관심사였다.

어떻게 주제가 되었는지를 설명하는 한 가지 방법은 시그널/노이즈 비율(S/N, Signal-to- Noise ratio) 측면에서 살펴보는 것이다. 예를 들

제2장 - 단편적 관점의 역사적 이유(Historical reasons for the fragmented view)

어 시그널은 공장이나 서비스 제공업체에서 수행 중인 일의 의도한, 원하는 성과를 나타낸다. 시그널이 노이즈와 명확하게 구분되지 않는 경우, 즉, 성과를 명확하게 인식할 수 없는 경우, 배경 노이즈가 너무 많거나 원치 않는 변화가 너무 많은 경우, 확실한 해결책은 노이즈를 줄이거나 제거하는 것이다. 생산성은 과거이거나 현재이거나 기업의 경제적 생존을 위해 필요하고, 특히 대규모 투자가 있는 경우 쟁점화 된다. 따라서 만약 생산성이 만족스럽지 않다면, 해결책은 생산성 시그널을 방해하는 노이즈를 찾는 것이었다. 일단 시그널을 명확하게 구분할 수 있게 되면, 부적절한 품질과 안전 등 다른 노이즈원이 눈에 띄게 되었다. 품질과 안전 면에서 발생하는 노이즈가 허용 가능한 수준으로 감소하면, 시스템 수행을 유지하는데 필요한 기술의 신뢰성 같은 또 다른 노이즈원이 눈에 띄게 되었다. 대부분의 관심사는 군대에서 발생했기 때문에, 초기에는 신뢰성이 안전과 관련 있었고 나중에 생산성 및 품질과 관련이 있게 되었다. 발생한 쟁점을 순서대로 설명하는 것은 다음 쟁점이나 노이즈원이 무엇이 될지를 생각하는 기초가 될 수도 있다.

단편적 관점의 역사적 이유는, 그것들을 어떻게 다루며 또는 극복하기 위한 시도 측면에서 심리적 이유와 무관하지 않다. 인간으로서, 우리가 문제에 직면할 때마다 직관적 반응은 보이는 대로 해결하려는 것이다. 이것은 제3장에서 설명할, 인간 선호도인 획일적 사고의 표현으로 볼 수 있다. 또한 너비우선(Breadth-Before-Depth)방식이 아닌 깊이우선(Depth-Before- Breadth) 방식을 이용하여 문제를 해결하는 습관이므로, 다른 것들과 연관이 가능한 관계를 이해하는데 많은 시간을 할애하지 않고, 단지 확실한 원인을 찾아서 각 주제에 대한 해결책을 자체적으로 개발하였다. 다른 조직에서는 또 다른 이유나 동기로 문제를 해결하였고, 서로 다른 관심사나 우려사항이 곧 서로를 잃어버리는 특별한 관심사가 되었다.

이러한 단편화로 인해 서로 다른 주제 간의 상호연결 또는 결합을 파악하기가 어려워졌으며 따라서, 문제를 상호연관 있는 방식으로 인식하기보다 각각의 주제로 인식하였다. 즉, 문제를 분리하여 해결하려는 선호도와 결합하여 의존성이나 연결성을 인식하지 못하였기에, 현실적인 문제점들은 필요한 것보다 더 커졌을 수 있다.

2-2 생산성(Productivity)

생산성은 일반적으로 인간의 욕구를 충족시키는 상품과 서비스를 생성, 창출 또는 생산하는 능력으로 정의되지만, 생산에 필요한 비용은 산출물의 가치보다 적어야 한다는 본질적 단서가 있다. 이를 표현하는 가장 간단한 방법은 총생산성을 산출량과 투입량의 비율로 정의한다.

$$총생산성(Total\ Productivity) = \frac{산출량(Output\ Quantity)}{투입량(Input\ Quantity)}$$

제2장 - 단편적 관점의 역사적 이유(Historical reasons for the fragmented view)

가족이나 주민을 위해 충분한 식량을 생산하거나, 바람직한 소비재에 대한 시장수요를 충족하려면 생산성은 항상 관심사였다. 투입량을 늘려 단순히 산출량을 늘리는 것이 아니라 항상 생산성을 높이는 것이 원동력이었다. 비율을 향상시켜서 필요한 제품이나 서비스를 제공하는, 효율성을 높이는 것이었다.

요구사항에 대한 산출량은 집단적일 때 보다 개별적 작업일 때 충족한다는 점에서 언제나 생산적인 작업방법을 찾는다. 그러나 사람들은 스스로 일하는 개별적 기준으로는 합리적일 수 있지만, 피라미드식 건설, 배 조정, 군대 사병, 조립라인 배치 등과 같이 서로 협력해야 하는 일의 경우, 생산성에 대한 기대와 요구는 개별적으로 수용할 수 있는 수준과는 맞지 않을 수 있다. 이 문제는 더 큰 자본투자가 필요한 산업혁명 이후에 더욱 중요해졌다. 자본 투자자들은 개인이 수용할 수 있는 생산성 수준에 만족하지 않았다. 또한 각 개인은 생산성에 대한 개인적 기준을 갖고 있었기에 협업은 더 이상 효율적이지 않았다.

경제성장의 필요성과 그에 따른 생산성 증가는 아담 스미스가 국부론(Smith, 1986; org. 1776)에서 이미 언급하였다. 성장이 노동의 분업에 뿌리를 두고 있으며, 이는 규모가 큰일은 더 작은 구성요소로 분할되어야 함을 의미한다. 그리고 각 작업자는 더 작은 부분의 작업 숙달 방법을 배우고 그것에 집중하여 효율성을 높인다. 아담 스미스에 따르면 생산적 노동은 두 가지 중요사항을 충족시킨다. 첫째, 유형물의 생산으로 이어진다. 둘째, 생산에 재투자할 수 있는 여분을 창출한다.

1877년 테일러는 미국의 대형 장갑판재 생산 공장인 미드베일 제강사(Midvale Steel)에서 사무원으로 시작하여 1880년 감독으로 진급했다. 감독으로서 테일러는 "하루일과의 1/3 이상 생산업무에 종사하는 사람들의 거듭되는 실패에 깊은 인상을 받았다"(Drury, 1918, p.23). 그는 작업흐름을 분석하고 최적화하여 작업이 체계적 또는 "과학적(Scientific)" 방식으로 수행되는 방법을 연구하고 이를 이용하여 효율성을 개선하면 생산성을 높일 수 있다고 확신했다. 그는 반복 작업을 수행하는 대부분의 근로자는 처벌받지 않을 만큼 최저속도로 일하는 경향을 관찰하였다. 테일러는 자신의 시간연구와 프랭크-길브레스(Frank & Gilbreth)의 동작연구를 결합하여 관찰하였으며, 과학적 관리법(The Principles of Scientific Management- Taylor, 1911)의 출판을 마무리했다.

생산성 문제는 기본적으로 노동의 분업 증가에 대한 아담 스미스의 제안을 적용하며 해결되었다. 테일러의 해결책은 특정작업을 수행하는 최선의 방법을 찾기 위해 시간동작연구(Time and Motion studies)를 합리적 분석으로 결합하는 것이었다. 또한 작업습관을 바꾸는 동기를 제공하기 위해 결과물에 각 근로자의 보상을 연결시키는 것이 중요하다는 것을 깨달았다. 그가 예리하게 알아낸 것은, 작업자들은 같은 금액을 받으면 최저의 작업량을 수행하는 경향이 있다는 것이다.

과학적 관리 또는 테일러리즘은 초기부터 비판을 받았으며 오늘날에도 원시적이며 모욕적인 구식으로 간주된다. 우리의 목적은 테일러리즘을 주장하거나 반대하는 것이 아니라 단순히 생산성을 문제로 삼고 해결하는 방법을 제공한 것이 1911년 과학적 관리의 출판이라는 점을 지적하는 것이다. 과학적 관리는 "비과학적" 작업관행 및 개별규범에서 발생하는 노이즈를 줄여 시그널을 향상시킬 수 있었다. 이 당시 그렇게 된 이유는, 문제점들이 이전에는 알려지지 않았기 때문이 아니라 누군가 실제로 문제를 해결하려고 시도했었고 또한 성공했기 때문이었다.

인적요인 엔지니어링(HFE: Human Factors Engineering)

과학적 관리는 작업 대부분이 매뉴얼작업일 때는 생산성 문제를 해결했다. 그러나 1940년대 후반 IT혁명 이후는 신체작업에서 정신작업으로 변화하였다. 즉, 주로 매뉴얼에서 인지작업으로 바뀌었다. 제조, 건설, 운송 분야에서 산업공정의 속도와 정밀도를 높이는 신기술이 그에 상응하는 생산성 향상으로 이어진 것으로 추정된다. 이것이 예상대로 일어나지 않았을 때 생산성 문제가 다시 발생했다.

인간은 너무 부정확하고 변동적이며 느리기 때문에 인적요인이 이슈가 되었다. 인적수행능력은 생산성의 한계가 되었으며 인간은 실패하기 쉽고 신뢰할 수 없어서 시스템안전에 있어서 약한 연결고리로 여겨지게 되었다. 이 문제는 오하이오 주립대학 연구재단의 심리학자 폴 피츠 (Paul Fitts)의 항행개발위원회(Air Navigation Development Board)를 위한 보고서에 명확하게 언급되었다.

우리는 항공교통 규제문제의 필수기능에 대해 간단한 분석으로 시작한다. 그리고 기본적인 질문을 고려한다. 작업자가 수행해야할 기능은 무엇이며 기계요소가 수행해야할 기능은 무엇인가? ... 인간-엔지니어링 연구의 목표는 ... 인간 능력과 관련된 직무와 기계 설계를 관리하는 원칙을 제공하고, 전반적인 직무를 수행하기 위해 인간과 기계의 효율적인 통합을 보장하기 위함이다.

(Fitts, 1951, p. X)

테일러가 직무를 분석하여 작업자가 수행하는 최선의 방법을 찾았고, 피츠는 직무의 특정 부분을 인간이나 기술에 배치할 수 있는 다양한 역량의 필요성을 분석하였다. MABA-MABA (Men-Are-Better- At/Machines-Are-Better-At) 리스트 (Dekker&Woods, 2002)로 알려진 특정 능력면에서, 기능이란 인간과 기계의 비교를 기반으로 해야 한다고 피츠는 제안했다. 단기적으로는 이것이 생산성 문제를 해결하는 것 같았고 어디에서나 볼 수 있는 해결책으로서 자동화가 도입되었다. 오늘날에는 두 가지 접근방식이 공존하며 함께 사용되고 있다. 피츠의 접근방식은 노이즈를 허용 가능한 수준으로 줄임으로써 생산성 문제를 해결하는 데 도움이 되었을 뿐만 아니라 안전문제 및 더 제한된 방식의 품질문제에도 적용되었다.

린 생산(Lean manufacturing)

테일러의 노력은 일에 대한 개인의 목표수준에서 오는 낭비를 제거하려는 시도로 볼 수 있다. 생산성을 저해하는 낭비의 초점은 1990년경 린 제조/린 생산으로 다시 나타났다. 린 생산의 목적은 공정에 가치가 추가되지 않는 모든 것을 제거하는 것이다. 협력팀은 8 종류의 낭비를 체계적으로 제거하여 수행력을 향상시킨다. 즉, 사용하기에 부적합한 결함 있는 제품, 과잉 생산, 소재 등을 기다리는 공정지연, 인적자원 및 역량낭비, 소재/제품/인력/장비 및 도구 등의 불필요한 운송, 소재 및 제품의 재고량 초과, 불필요한 작업자 이동, 직무완료에 필요한 업무보다 더 많은 작업수행 등이 있다. 과학적 관리와 인적자원의 낭비를 줄이려는 테일러의 본래 동기와의 유사성을 쉽게 알 수 있다.

생산성 문제의 유산(Legacy of the production issue)

HFE를 통한 과학적 관리로부터 린생산에 이르기까지, 생산성 문제에 대한 해결책으로 생산은 효과적으로 관리하지만, 자체시설의 접근방식과 사고방식으로 첫 번째 사일로(Silo)를 만든 것으로 볼 수 있다(그림 2.1 참조). 이것은 그 자체로써 단편화를 강화하는 유산을 만들었으며, 주요 부분은 다음과 같다.

- 직무분석: 더 쉽게 이해하고 성공적으로 관리하기 위해 무엇인가 분석하는 것은 물론 새롭지는 않다. 과학적 관리의 목적은 직무를 분석

하여 가장 효율적인 수행을 결정하는 것이었다. 이것은 일과 인간 활동을 이해하기 위한 보편적 접근방식으로써 직무분석의 토대를 마련했다. 1950년대 초기에는 HFE를 직무분석, 이후에는 인지적 직무분석으로써 사실상 표준(de facto standard)으로 삼았다.

• 전문화 및 표준화: 직무분석은 직무의 기본 또는 초기단계를 식별하는 데 사용된다. 그리고 직무 요건과 역량 간 가능한 최상의 조화를 만들기 위해 적임자를 선택하여 특정한 수행력을 보장하도록 교육한다. 따라서 직무의 표준화 및 표준 준수는 필수적이다.

• 설계된 일(Work-as-Imagined): 과학적 관리에서는 이 용어를 사용하지 않았지만, 직무를 수행하기 위해 "최상의 방법"에 대한 강조는 동일한 아이디어를 나타낸다. 실제 작업상황은 연구했지만 실행된 일(Work-as-Done)의 본질을 이해하기보다 사람들이 수행한 작업에 대해 개선할 부분을 찾아냈다.

• 낭비 제거: 테일러의 가장 큰 관심사는 사람들이 할 수 있는 최선을 다하지 않았다는 의미에서 낭비를 제거하는 것이었다. 즉, 작업자의 잠재력이 낭비되었던 것이다. 린(Lean)생산은 이를 확장하고 개선하여 뛰어난 관리 철학으로 바꾸었다.

제2장 - 단편적 관점의 역사적 이유(Historical reasons for the fragmented view)

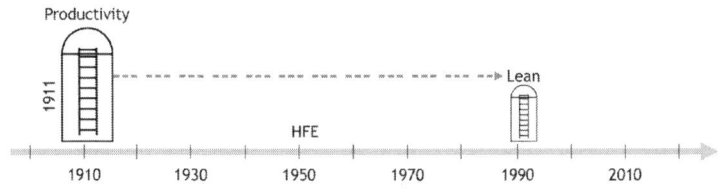

그림2.1 첫 번째 사일로 (생산성)

2-3 품질(Quality)

과학적 관리는 실용적 방법과 개념으로써 작업을 수행하는 최상의 방법을 찾아 생산성을 높일 수 있는 방법을 보여주었다. 이는 "노이즈"의 주요 원인이 제거되거나 감소되어 "시그널"을 쉽게 감지할 수 있게 해주었다. 그러나 주요 노이즈원을 제거하면 지금까지 눈에 띄지 않았던 다른 원인이 있음이 드러났다. 그중 하나는, 품질이 불충분하여 조립속도를 높여 생산성을 높이는데 필요한 구성요소의 표준화 수준을 달성할 수 없었다. 제품의 경제적 품질관리(Economic Control of Quality of Manufactured Product)라는 책 서문에 언급된 구절은 두 번째 주제로 품질(Quality)을 소개했다.

대체로, 산업의 목표는 인간욕구를 충족시키는 경제적 방법과 수단을 설정하고 그렇게 함으로써 인간의 최소한의 노력이 요구되는 일상적인 일에 가능한 모든 것을 줄이게 된다.

(Shewhart, 1931, p. vii)

    이 책은 통계적 품질관리의 아버지로 널리 알려진 미국의 통계학자이며 물리학자이자 엔지니어인 슈하르트가 쓴 책이다. "인간의 최소한의 노력"에 대한 언급은 유감스럽게도 사람들을 무감각한 일상과 지루한 작업을 완화시켜 주려는 초기 시도가 아니라, 오히려 인간은 생산 손실과 사고 및 표준화 노력과 관련하여 변수가 많고 잠재적으로 신뢰할 수 없어서 품질의 손실로 이어질 수 있는, 잘 정비된 "기계의 구성요소"라는 우려가 커지고 있음을 예고했다.

저품질 비용(The cost of low quality)

슈하르트에 따르면, 문제는 제품품질의 변동성을 허용 가능한 수준으로 낮게 생산공정을 제어하는 방법이었다. 이 문제는 전화기 조립이나 빵 굽기와 같은 다양한 과정에서 발견되었다. 제품의 품질 변동성은 생산 프로세스를 표준화하고 가능한 한 효율적으로 만드는 작업에 장해가 되었다. 이것은 전체 생산이 회사내부에서 이루어졌는지 또는 일부가 공급업체에 위탁되었는지 여부와는 관계가 없었다. 그 문제는 다음과 같이 설명되었다.

제2장 - 단편적 관점의 역사적 이유(Historical reasons for the fragmented view)

생산량이 경제성을 확보하는 동시에 품질특성이 특정한 허용공차 내에 있는 완제품을 확보하기 위해 이러한 복잡한 메커니즘의 생산프로세스는 어떻게 설계되어야 하는가?

(Shewhart, 1931, p.7)

구성요소든 최종제품이든 변동적이며 허용할 수 없는 품질은 원활한 생산프로세스에 부정적 영향을 미칠 수 있는 노이즈의 원인이었다. 작업과 생산에 있어서 효율성부족은 오랫동안 알려진 문제였다. 1776년 아담 스미스는 이미 국부론(The Wealth of Nations)에서 언급했지만, 절대적으로 필요한 것보다 열심히 일하지 않는 것은 아마도 인간의 자연스러운 특성이기 때문에 항상 관심사였을 것이다. 그러나 품질은 더욱 근래의 문제였으며 다방면에서 대량 생산의 결과였다. 초기의 해결책은 특정 제품이 충분히 좋은 품질인지를 결정하기 위한 비교근거로써, 일종의 참고로 사용하는 것이었다. 도면과 다양한 유형의 비교 측정 또는 프랑스혁명에 의해 도입된 (적어도 미터법을 채택한 경우) 미터나 킬로그램 등은 보편적인 참고가 될 수 있었다. 그러나 이것은 1920년대 미국의 대량생산 개념이 도입되었을 때는 실용적이지 않았다. 구성요소 및 제품품질을 보장하거나 특정된 한도 내에 유지되도록 구성요소 및 제품의 변동성을 관리하는 것이 다른 무엇보다 중요했다. 슈하르트의 저서 "제품의 경제적 품질관리"는 문제를 명확하게 설명하고 실용적 해결책을 제공하였다.

표준화(Standardisation)

매번 같은 방식으로 실행하는 표준화는 인류만큼이나 오래되었다. 그것은 매일 아침 짐을 싸고 저녁에는 다시 짐을 풀어야 하는 유목민들에게는 필수적이었으며, 이것을 동일하고 체계적인 방법으로 수행했다면 시간과 노력이 절약되었을 것이다. 2만년 전의 수렵인들 뿐만 아니라 현대의 가정도 매일 식사를 요리하는 것과 같은 단순한 것조차도 표준화는 필요하다.

표준화의 가장 유명한 예 중 하나는, 1785년 7월 블랑크(Honoré Blanc)는 총을 수작업으로 만들지 않고 표준화되고 교체 가능한 부품을 조립하여 화승총을 제작하는 방법을 시연하였다. 심지어 그 10년 전에 영국 슈롭셔 지방에서 윌킨슨(John Wilkinson)은 쇳덩이에 구멍을 뚫고 대포를 만들어 매번 똑바로 날아갈 수 있도록 하는 방법을 개발했다. 표준화나 균일화는 내면화되든 외면화되든 분명히 매우 가치가 있다.

결과물을 기준으로 표준화는, 자신이 하는 일이든 자신을 위해 하는 일이든 또는 가까운 사회집단이나 가족끼리 일할 때는 내면화될 수 있다. 밀가루로 빵을 만드는 사람을 생각해보자. 이 경우 표준 또는 기준이 내면화되지만 그럼에도 불구하고 표준화는 필요하다. 밀가루의 품질이 고르지 않으면 빵을 같은 방식으로 구울 수 없으며 빵 덩어리인 최종 결과물은 품질이 다를 수 있다. 이것은 신석기 시대를 생각하든 오늘날의 생태계 전문가이든 마찬가지다. 그러나 타인을 위해 일하는 것은, 타인의 기준을 준수해야 한다는 의미에서 표준화는 외면화된다.

물론 시간이 지남에 따라 그것을 내면화할 수 있지만, 이런 일이 발생하면 더 주관적으로 만들기 위한 변화가 있을 수 있다. 온종일 작업에 충분히 기여하지 않은 근로자에 대한 테일러의 불만을 생각해 보자. 근로자들은 단순한 한 가지 이해로 개인적으로나 사회적으로는 충분한 작업 표준을 개발했지만, 고용주에게는 충분하지 않았다.

표준화가 외면화되면 분명한 규제가 필요하게 된다. 무언가를 규제하려면, 그것이 무엇인지, 무슨 일이 일어나고 있는지를 이해해야 한다. 표준은 관련된 작업에 대한 올바른 이해를 기반으로 설정되어야 한다. 과학적 관리는, 오늘날에는 수용가능하거나 합리적으로 간주되지 않는 방식이었으나, 그 당시 작업을 연구함으로써 실행하였다. 린 생산과 같은 그 이후의 개발은, 활동(Activities)보다 기준을 더 많이 생각하는 경향이 있었다. 린 생산활동은 실행된 작업(WAD)이 아니라 독립되어 설계된 작업(WAI)으로 간주한다.

표준화는 생산성 및 품질과 관련되며, 변동성의 배제는 사전에 고려해야 할 상황과 조건의 수를 제한하지만 위험평가의 영역이므로 안전과도 관련이 있다. 그렇기 때문에 표준화는 규정준수의 형태로 모든 가능한 위험에 대한 만병통치약(Panacea)으로 자주 간주된다.

표준화 및 균일화를 통해 품질이 달성되면, 조건에 따라 실행력을 조정할 수 있는 역량과 변동성은 없어진다. 이는 안전성, 생산성 및 신뢰성에 영향을 미친다. 표준화 및 균일화를 통한 모든 의미에서, 완벽한 품질이란 품질이 그 회사의 유일한 관심사인 경우에만 정당화된다. 그러나 결코 그렇지 않기 때문에, 표준화의 장점은 항상 단점과 신중하게 비교되어야 한다.

저품질의 원인(The cause of low quality)

슈하르트는 제품의 품질이 얼마나 달라지며, 여전히 규제될 수 있는지를 설명했다. 구성요소, 완제품 또는 서비스 기능 측면에서 품질의 차이는, 당연히 근본적인 원인이 있다고 가정했다. 슈하르트의 통계지식은 정량화할 수 있는 품질, 특히 변동성의 크기 측면에서 시간이 지나면서 결과의 분포에 집중했다.

변동성의 원인을 알 수 없는 경우에도 허용한도 내에서 품질을 예측할 수 있는 객관적 제어상태가 있다고 믿는 것이 합리적으로 보인다.

(Shewhart, 1931, p.34)

물론 허용한도가 얼마나 많은 변동성을 제어해야 하는지, 얼마나 많은 우연이 있는지 정의하는 것은 중요한 문제이다. 슈하르트는 이에 대해 이론적 근거가 없으며 분명히 현실적인 문제임을 인식했다. 다시 말해, 일부 변동성은 우연일 수 있지만 일부는 그렇지 않을 수 있다. 명쾌하게 언급된 적은 없지만, 원인을 찾는 데 비용편익의 균형점이 있다는 점에서 기준은 물론 비용이었다. 변동성이나 편차가 매우 크면, 원인을 찾아 조치를 취하는 것이 경제적으로 효율적이거나 합리적일 수 있다.

제2장 - 단편적 관점의 역사적 이유(Historical reasons for the fragmented view) 47

이 책 세 번째 가정은, "변동성의 이상원인(Assignable causes)은 찾아 제거할 수 있다" (p.14)고 명시하고 있다. 그러나 변동성이 작고 이를 제거하는 비용이 이득보다 크면, 변동성은 경제적 측면에서 허용하게 된다.

슈하르트는 이상원인과 우연원인, 두 가지 원인이 있으며 이상원인의 결정은 통계적이라고 제안했다. 규정상 허용한도의 상한선 위 또는 하한선 아래의 결과물은 이상원인이 있다고 했다(그림2.2). 남아있는 다른 변동성은 허용가능하거나, 또는 이를 제거하는 비용이 이익보다 클 것이라는 면에서는 적어도 비용을 감당할 수 있음을 의미한다.

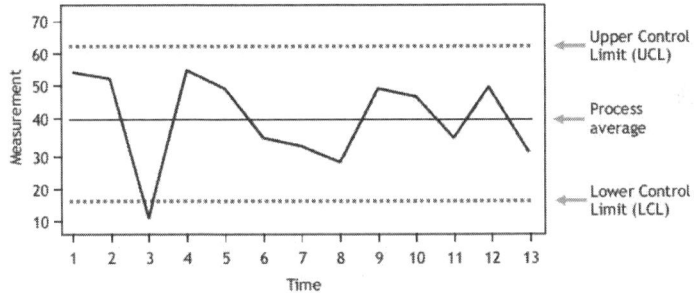

그림2.2 통계적 프로세스 제어표 (Statistical Process Control chart)

사실, 한도 내로 떨어질 확률을 단위(Unity)보다 작게 설정하는 한, 원인 체계가 일정하더라도 특정 비율의 관측치는 항상 한계를 벗어날 것으로 예상할 수 있다. 즉, 이 가정을 수용하면 이러한 한도 내에 객관적인 제어상태가 있다고 믿을 수 있지만, 그 자체로는 품질의 변화가 언제 우연에 맡겨지는지를 결정하는 현실적 기준은 제공하지 않는다... 또한 수학적 통계가 원하는 기준을 우리에게 제공하지 않는다고 말할 수 있다.

(Shewhart, 1931, p.17)

경험적으로 한도를 벗어나는 측정값은 이상원인을 찾을 수 있으나, 한도 내에 속할 때는 변동성의 원인을 찾을 수 없다.

(p.19)

슈하르트의 저서는 통계적 프로세스 제어로 결과물의 품질 변동성 분포가 허용 가능한 한계 내에 유지하는 방법을 자세히 설명했다. 이는 품질관리 및 샘플링을 통한 프로세스 모니터링의 기반을 구축했다. 테일러가 그랬던 것처럼, 슈하르트는 이론적으로 잘 알려진 문제의 특성을 제시했으며, 더 중요한 것은 그 문제를 해결할 수 있는 실용적인 방법을 제시했다. 이는 허용할 수 없는 품질로 인한 노이즈를 제어하여 계획된 생산 프로세스와 결과물에 대한 시그널이 강해지도록 했다.

변동성의 이상원인을 제거함으로써, 제조업자는 일정한 품질에 더하여 실현 가능한 허용한도에 도달한다.

(Shewhart, 1931, p.32)

제2장 - 단편적 관점의 역사적 이유(Historical reasons for the fragmented view)

사회-기술시스템에서의 이상원인과 우연원인
(Assignable and Chance causes in socio-technical systems)

암암리에 존재하는 가정은 프로세스가 잘 알려지고 잘 설계되었기 때문에 평균적인 프로세스를 예상할 수 있으므로 다루기가 쉽다. 작은 변동성은 설계 개선으로 제거될 수 없는 외부영향이거나, 노력할 가치가 없는 우연원인으로 설명될 수 있었다. 이런 일이 일어난 이유는 관심이 없었다. 우연원인이 없었다면 결과물의 품질은 완벽할 것이라는, 즉, 완벽한 결과의 원인은 결정론적이지만, 완벽한 결정론 또는 엄격한 인과관계는 우연원인에 의해 방해받을 수 있다는 개념으로 보인다. 이 주장은 1920년대에는 합리적이었을지 모르지만, 오늘날에는 다르다.

오늘날의 시스템 및 조직은 사회-기술시스템으로 인식되고 있다. 이 시스템은 그렇게 설계되지는 않았지만 다루기가 어렵다(제1장 논의 참조). 기준에 따라 수행하는 것은 프로세스가 완벽하게 설계되고 효과적으로 관리되기 때문에 일이 잘된다고 가정하는 것은 편리하지만 잘못된 방식이다. 이상원인으로 인한 변동성은 가능한 한 제거해야 하며, 남아있는 우연적 또는 일반적 원인으로 인한 것은 실질적인 유의성은 없다. 대조적으로, Safety-II 관점으로 원하는 결과를 야기하는 것은 그것을 나타내는 수행조정(Performance Adjustments)과 변동성이기 때문에 일반적 또는 우연적 원인에 초점을 맞추는 것이다. 레질리언스 엔지니어링과 Safety-II는 수용 가능한 결과나 수용할 수 없는 결과 모두가 같은 이유로 발생한다는 점을 강조한다. 이상적 및 우연적 원인의 실제 차이점은 이상원인만 이해하려 한다는 것이었으나, 이상원인과 우연원인은 존재론이나 병인학(Aetiology)이 아니라 결과(현상학)에서만 다르다(Hollnagel, 2014). 변동성의 부재 또는 수용할 수 없는 결과의 부재가 시스템의 목적이기 때문에, 이것이 어떻게 발생하는지 이해해야 한다. 따라서 수용할 수 있는 결과를 생성하는 것이 무엇인지 살펴보고 우연원인으로 인한 변동성을 이해하며, 수용할 수 없는 결과도 동일한 방식으로 발생한다는 사실을 받아들이는 것이 타당하다.

품질 문제의 유산(Legacy of the quality issue)

품질 문제에 대한 해결책은 두 번째 사일로(Silo)를 만들었다. 수용할 수 없는 품질에 대한 슈하르트의 해결책은 이론적으로 이유가 있고 매우 실용적이었기 때문에 업계에서 빠르게 채택되었다. 그러나 과학적 관리의 경우와 같이 그 자체를 전제로 수행되어 (그림2.3 참조) 생산성에 추가되었지만 통합되지 않은 유산을 만들었다. 품질 유산의 주요 부분은 다음과 같다.

제2장 - 단편적 관점의 역사적 이유(Historical reasons for the fragmented view)

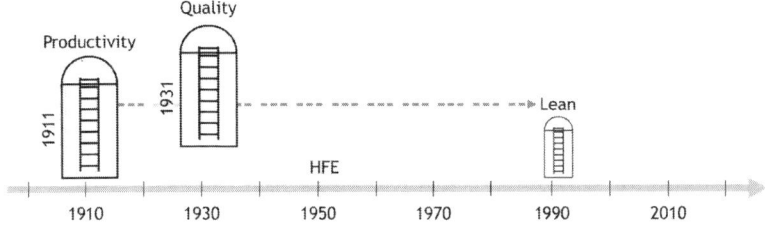

그림2.3 두 번째 사일로 (품질)

- 통계적 프로세스 제어: 최선의 방법을 찾기 위해 일이 어떻게 수행되었는지 세부사항을 연구하는 대신, 슈하르트는 프로세스를 모니터링하고 제어하는 통계적인 방법을 도입했다. 보다 큰 전체에 대해 어떤 것을 추론하기 위해 대표적인 표본으로부터 데이터를 사용하는 관행은 그 자체로 매우 효과적임이 입증되었다.
- 이상원인 및 우연원인: 이상원인과 우연원인의 구분은 통계적 이상치(Outliers)를 처리하는 방법을 제공했지만, 일반적 변동성은 중요하지 않고 관심 없어 보였다. 비록 독립적이기는 하지만 안전관리와 동일한 방식으로 선형적 인과관계의 일반개념을 강화시켰다.
- 주기적 변화관리: 품질 개선은 한 번의 대규모 수정 또는 작업 프로세스의 재설계보다는 제한된 범위의 작은 단계에서 이루어졌다. 단계를 반복하거나 주기적으로 반복하여 점진적 변화를 만들었고, 이는 PDSA 사이클과 같은 반복적 관리를 위한 접근방식의 기초가 되었다. 자세한 내용은 제5장에서 설명한다.

2-4 안전(Safety)

생산성에 부합하고 노이즈의 주요 원인을 제거하면 다른 유형의 노이즈가 있음이 밝혀졌다. 그중 하나는 부족한 안전이었다. 하인리히의 산업재해예방(Industrial Accident Prevention)은 슈하르트의 저서가 품질을 위한 것처럼 안전을 위한 것이었으며 사고가 어떻게 발생하며, 어떻게 예방할 수 있는지에 대한 모델을 제공하여 간접적으로 생산성에 도움이 되었다.

이미 설명했듯이, 안전과 품질은 1920년대부터 중요한 문제로 인식되었으며, 두 경우 모두 1931년의 책 출판이 결정적인 일이었다. 우연은 아니지만 이것을 우연 이상으로 보는 것이 흥미롭다. 일반적인 배경은 생산성의 변동성으로 인한 노이즈 문제가 해결되었다는 것이다. 과학적 관리원칙을 활용하여 생산성은 향상되었지만, 곧 작업 결과와 생산성에 영향을 미치는 다른 종류의 노이즈가 있음이 밝혀졌다. 한 가지 문제는 위에서 설명한대로, 수용할 수 없는 품질 문제였고 다른 하나는 사고의 발생이었다. 산업사고는 장해가 될 수 있으며, 최악의 경우 생산성 저하와 원치 않는 비용이 나갈 수 있다. 대부분의 경우 비용은 보험회사에서 회수되었으므로 안전의 개선방법을 모색하게 되었으며, 그로 인해 사고의 횟수와 그 심각성을 줄이고, 이는 물론 보험회사 자체의 "생산성"을 증가시켰을 것이다. 돌이켜 보면 품질과 안전이 노이즈의 유력한 원천으로서 확인되었으며, 두 요소 모두 다른 요인과의 어색한 상호의존성에 대한 인식이 거의 없이 저절로 처리되었다. 당시 시스템은 여전히 합리적으로 다루기 쉬웠기 때문에 초기에는 주요 관심사(안전 또는 품질)에 초점을 맞추는 것이 성공적이었다.

사고의 비용과 원인(The cost and causes of accidents)

테일러는 작업자가 "최선"의 방식으로 일하지 않기 때문에 생산성이 예상보다 낮다고 우려했던 것처럼, 하인리히와 많은 사람들은 안전성의 부족으로 생산성이 저하될 것을 우려했다. 산업사회의 근본적 관심사로 안전 분야에 대한 시작점을 언급한 "산업재해예방: 과학적 접근(Industrial Accident Prevention: A Scientific Approach)" (Heinrich, 1931)에서, 사고에는 직접비용과 부대비용이 있으며 부대비용은 직접비용보다 4배 더 크다고 주장했다. 이것은 나중에 프랭크 버드(1974)에 의해 수정되었고. 그는 사고비용의 빙산원리에서 6대1의 비율을 제안한 것으로 유명하다. 어떤 비율로 가정하든 상관없이, 사고는 비용이 많이 들고 다양한 방식으로 생산성에 영향을 미칠 수 있다는 사실은 여전히 남아있다. 하인리히는 심지어 "'안전한'공장은 '불안전한'공장보다 11배나 '생산적'일 가능성이 높다"고 주장했다(Ibid., p.33). 또 다른 기사에서 "사고의 실제 원인은 효율성, 생산성 및 이익 감소의 실제 원인과 같다. 요컨대 도덕적으로나 경제적으로 부적절한 조건을 나타낸다."고 주장했다(Heinrich, 1929, p.5).

사고는 비용이 많이 들고 따라서 직간접적으로 효율성과 생산성에 영향을 미치기 때문에 사고가 발생하지 않도록 방지해야 한다. 이러한 명백한 이유로 수천 년 동안 인간과 사회의 관심사였으며 사람들은 오랫동안 최선을 다해왔다. 직장에서 발생한 치명적인 사고에 대한 보고는 1540년으로 거슬러 올라간다. HM 공장시찰단은 1833년 영국에서 설립되었으며, 미국안전 엔지니어협회는 트라이앵글 셔츠웨이스트 공장화재 이후 1911년 미국에서 설립되었다. 그러나 하인리히가 지적했듯이, 지금까지 발생한 사고 이유에 대한 체계적인 연구는 없었다.

입증된 가치의 실상이 이론을 대체하고 경제적 필요성의 압력을 받는 사업이 꼭 필요한 일이라면 집중해야 하는, 우리가 살고 있는 엄격한 지식의 시대에, 적어도 어떤 면에서 수천 명의 개인의 노력이 잘못된 방향으로 향하고 있으며 명백한 진실을 인식하지 못하여 가치 있는 목표 달성이 심각하게 지연되고 있다는 사실을 발견하는 것은 놀랍다. "목표"는 산업재해를 제어하는 것이다. "분명한 진실"은 기본적인 사고원인에 대한 지식을 통해서만 사고의 감소가 이루어진다는 것이다.

(Heinrich, 1928, p.121)

해결책(The solution)

테일러가 작업에 대한 과학적 연구를 주장하고 과학적 관리이론을 해결책으로 제안한 것처럼, 하인리히는 사고를 과학적으로 연구해야 한

제2장 - 단편적 관점의 역사적 이유(Historical reasons for the fragmented view)

다고 주장했다.

사고예방은 과학이지만 오늘날 과학적으로 인정받지도, 그렇게 취급하지도 않는다. 다른 문제를 해결하기 위한 노력으로 무엇이 잘못되었는지 찾아내고 바로잡을 수 있을 만큼 논리적으로 진행한다. 그러나 사고에 관한 한 같은 정도의 논리가 그다지 눈에 띄지 않는다.

(Ibid.)

결과적으로 1931년 그의 저서에서, 제목의 뒷부분을 과학적 접근(A Scientific Approach)으로 하였다. 과학적 접근은 사고원인 이론으로 나중에 도미노 모델로 유명해졌다. 가장 단순한 형태의 추론은 원인이 사고로 이어지고 부상으로 이어지는 일련의 인과관계를 제안했다. 그 결과 부상으로부터 거꾸로 추론하여 사고의 원인을 찾을 수 있었다. 이것이 근원분석(RCA)으로 알려져 지금도 널리 사용되는 방법의 기반이다. 흥미롭게도, 하인리히는 일련의 사고원인의 뿌리에 심리학이 있다고 믿었다. 이후에 나타날 인적요인 엔지니어링(Human Factors Engineering)의 전조증상으로 볼 수도 있지 않을까? 사고를 이런 방식으로 연구하고 이해할 수 있다는 점을 감안하면 그 해결책은 마찬가지로 간단하다. 근본원인을 찾아서 제거하는 것이다.

과학적 관리와 마찬가지로, 이 접근방식은 안전에 대해 우리가 생각하는 방식에서 사실상 제2의 본성이 될 만큼 곧바로 성공했다. 도미노 이론, 선형 인과관계, 무사고 프로그램 등에 대한 글은 너무 많기 때문에 여기서 계속 논의할 필요는 없지만, 오늘날 도미노 모델이 실용적인지와 관계없이, 1931년 안전에 대한 관심이 현장에서 생겨났으며, 그 이유는 생산성 및 품질에 대한 문제와 동일하다는 사실이다. 누군가는 문제를 간단명료하게 설명했고 적어도 단기적으로는 효과 있는 해결책을 제공했다.

안전-I 및 안전-II(Safety-I and Safety-II)

안전에 대한 이해는, 가능한 한 잘못되는 상황이 적고, 가능한 한 사고가 적으며, 인명 또는 재산 피해의 가능성이 허용 가능한 수준으로 감소하고 유지되는 조건이나 다른 정의들도 같은 방식으로 빠르게 사실로 확립되었다. 이는 물론, 누구나 자신과 다른 사람에게 해를 가하거나 다치지 않기를 원하기 때문에 당연한 것이다. 그러나 사고와 부상에 초점을 둔다는 것은 리즌(James Reason, 2000)이 지적한 것처럼, 이 방식으로는 안전이 그 존재보다 부재(Absence)에 의해 정의된다는 것이다. 안전관리는 제거, 예방 및 보호를 통해 목표를 달성하려하기 때문에 안전은 (희망을 갖고) 제로가 될 때까지 점점 작아지게 측정된다. 그러나 이것은 문제가 되며 실제로 불가능한 것으로 판명되었다. 주된 이유는 제1장에서 설명한 것처럼 일과 사회가 점점 더 이해하기 어려워졌기 때문이다. 1980~90년대의 많은 시행착오 접근방식에 대한 유용성이 줄어들기 시작했기 때문에 안전에 대한 새로운 사고방식이 등장하기 시작했다. 2000년경 레질리언스 개념이 안전에 대한 논의로 이어졌으며, 곧 바로 레질리언스 엔지니어링에 관한 첫 번째 책이 출판되었다(Hollnagel, Woods, & Leveson, 2006). 안전을 해석하여 확립하는 방법과 레질리언스 엔지니어링이 제공하는 대안 등의 비교는 결국 안전-I과 안전-II의 차이로 표현되었다(Hollnagel, 2014). 안전-I과 안전-II의 궁극적 목표 즉, 부정적 결과는 가능한 한 피해야 한다는 것에 동의하지만 목표가 어떻게 가장 잘 달성될 수 있는지에 대해서는 다르다. 안전-I은 방어적(Protective) 접근방식을 취하며 잘못되는 일을 가능한 한 최소화하도록 노력한다. 안전-II가 취한 접근방식은 생산적(Productive)이며 일이 가능한 한 잘되도록 한다. 잘되면 동시에 실패할 수 없다는 간단한 논리이며, 결국 잘되면 잘될수록 사고는 줄어든다.

안전 문제의 유산(Legacy of the safety issue)

세 번째 사일로(silo)는 안전 문제에 대한 해결책으로써 만들어졌다(그림2.4). 하인리히의 작업은 수년에 걸쳐 발전했으며 여러 판을 거쳐 1959년에 네 번째 판이 출판되었다(제5판은 1980년에 출판되었지만, 하인리히는 1962년에 사망했다). 도미노모델과 근본원인분석은 빠르게 사고분석의 실질적(de facto) 표준이 되었으며 여러 면에서 오늘날에도 그대로 유지되고 있다. 산업재해를 다루는 방법에 대한 하인리히의 실질적 접근은 생산성과 품질의 유산에 통합되지 않은 다른 유산을 만들었다. 안전성 유산의 주요 부분은 다음과 같다.

- 선형인과관계 및 근본원인분석: 도미노모델이 암시하는 선형적 원인-결과 사고는 안전문제를 해결하기 위한 간단하고도 효과적인 원칙을 제공했다. 근본 원인을 찾아 제거하는 것이다. (모든) 사고를 예방할 수 있다는 결론은 오늘날까지 계속되는 무사고 신화의 기초가 되었다.
- 인적오류: 도미노모델의 초기 버전에서 두 번째 도미노는 "사회적 환경, 유전적 내력"이 선행되는 "인간의 결함"이었다. 인적오류를 중요한 원인으로써 도입했지만, 나중에 번성했던 "인적오류 메커니즘"의 정교한 모델은 없었다.
- 사고의 간접비용: 사고는 직접비용뿐 아니라 감춰진 간접비용도 가지고 있다는 입증은, 안전에 대한 우려를 일차적 또는 즉각적인 효과로부터 장기적 결과를 가져올 수 있는 이차적 효과로 확대하는데, 조직과 작업자들에게는 중요한 것이었다.

하인리히 작업은 70년이 지나서 적용되었지만 안전-I 의 기반을 제공한 것으로 볼 수 있다.

제2장 - 단편적 관점의 역사적 이유(Historical reasons for the fragmented view) 59

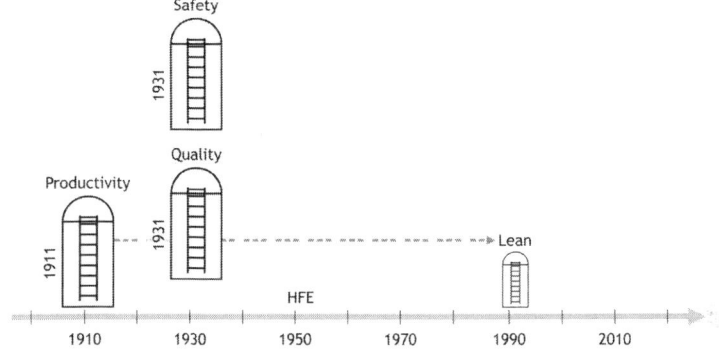

그림2.4 세 번째 사일로 (안전)

2-5 신뢰성(Reliability)

네 번째 문제 또는 노이즈의 원인은, 신뢰성이었다. 불충분한 신뢰성의 결과는 생산성, 품질 및 안전문제가 해결되었을 당시 천천히 가시화되었다. 특히 1958년에 집적회로가 발명된 이후 컴퓨팅 기계와 정보기술이 널리 사용되면서 큰 변화가 일어났다. 20세기 초 작업은 주로 수동으로 이루어졌고 거시적인 수준에서 이루어졌기 때문에, 시간-동작(Time-Motion)연구는 가치가 있었다. 제2차 세계대전과 그 이후에 새로운 기술이 개발됨에 따라, 작업은 수동에서 인지로(Cognitive), 직접 수작업에서 점점 더 많은 제어와 모니터링으로 바뀌었다. 컴퓨터와 정보기술의 급속한 사용으로 완전히 습득되지 않거나 규제되지 않은 기술의 기능과 수행에 대한 의존도가 증가했다. 이것은 오늘날 지속적으로 점점 더 악화되고 있는 악순환의 시작이었다. 작업환경은 빠르게 복잡해졌으며 신뢰성 문제는 취약해졌다.

신뢰성은 기술적인 성공확률로 정의된다. 따라서 실패확률이 무시해도 될 정도이거나 0 이면, 신뢰성은 높거나 확실하다는 것이다. 이것은 신뢰할 수 있거나 일관되게 잘 수행되는 품질로써, 신뢰성에 대한 일반적인 비기술적 이해와 일치한다. 이에 대한 좋은 예로써 1769년 제임스 와트가 특허 받은 고압증기기관은 19세기 초 증기선과 산업생산에 널리 사용되었다 (Leveson, 1992). 그러나 고압증기엔진은 쉽게 폭발하여 승무원, 승객 및 작업자가 부상을 입거나 사망에 이르러 신뢰할 수 없었다. 미국 특허청장은 1816년에서 1848년 사이에 23건의 증기선 폭발이 발생하여 2,562명이 사망하고 2,097명이 부상을 입었다고 추정했다. 이러한 상황은 더욱 신뢰할 수 있는 저압증기엔진의 도입으로 바뀌었으나 믿을만한 부속품의 경우에도 실패 가능성이 있으며 위험으로 간주되었다.

신뢰성이라는 용어는 자동차를 믿을 수 있다고 말할 때처럼 기술을 특성화하는데 자주 사용된다. 그러나 사람을 신뢰할 수 있다고 말할 때처럼, 사람이나 조직을 특성화하는 데에도 사용할 수 있다. 신뢰성은 테스트 또는 측정 신뢰성과 같이, 일반적으로 어떤 일이 수행되는 방식의 일관성을 설명하는데 사용되기도 한다. 구성요소의 오작동으로 인해 사고나 피해가 발생할 수 있으므로 신뢰성은 처음부터 생산성보다는 안전(위험)과 관련이 있었다. 1940년대 미군은 제품 또는 장비가 특정된 시기에 필요에 따라 작동한다는 의미로 신뢰성을 정의했다. 이러한 방식으로 신뢰성은 원하는 목표를 달성할 수 있는 능력-무능력으로 연결되게 되었다. 이것은 군대의 명확한 관심사였지만, 산업과 개인용도로 이용되는 모든 기술에 대한 지대한 관심사이기도 하였다.

앞서 언급했듯이, 1950년 미국방부에서 군사장비의 신뢰성 방법을 조사하기 위해 전자장비 신뢰성 자문위원회(AGREE)를 구성했다. 생산성, 품질 및 안전의 경우와 마찬가지로 위원회는 신뢰성 문제를 해결하거나 극복하는 방법을 제안했으나, 이 제안은 새로운 방법이나 접근방식이 아니라, 문제의 핵심을 함께 다룬 세 가지 활동을 권장한 것이다(Saleh & Marais, 2006). 이는 (1) 현장에서 데이터를 체계적으로 수집하고 이를 이용하여 구성요소의 고장원인을 식별하고, (2) 공급자에게 의무계약으로 정량적 신뢰성 요건을 공표하며, (3) 장비 제작 및 테스트전에 그 부품의 신뢰성을 추정하고 예측하는 방법을 개발하는 것이다. 이러한 활동의 결과로 1957년에 발간된 AGREE 보고서는 신뢰성을 명시하고, 배치 및 입증할 수 있다는 확신을 제공했다. 따라서 AGREE 보고서는 신뢰성을 노이즈의 원인 또는 문제점으로 공식 인정한 시점으로 볼 수 있다.

신뢰성이 훨씬 더 중요한 역할을 하는 또 다른 경우도 있다. 이 경우 구성요소의 오작동이 부적절하거나 부정적 결과나 사건사고로 이어질 수 있는지가 문제가 아니라, 구성요소나 하위시스템 기능이 시스템(예: 공장 또는 생산라인)의 원활한 작동을 방해하지 않는다는 의미에서 신뢰할 수 있는지가 문제이다. 다시 말해, 우리가 필요한 것을 제공하기 위해 무언가 또는 누군가를 의지하거나 신뢰할 수 있을까? 이러한 의미에서 신뢰성은 생산의 일부분(공급품 등)이 다른 것에 위임되어 더 이상 직접적으로 규제되지 않을 때 필요하게 되었다. 이 경우 신뢰할 수 있는 원천을 갖는 것이 중요하다. 그 원천이 전력, 수도, 통신 또는 적시(Just-in-time)생산 등 공급라인과 같은 것일 때는 더 심각해진다.

생산성, 품질 및 안전의 경우는 비교적 간단히 문제 해결방법을 제안할 수 있었다. 신뢰성의 경우 부족한 해결책은 추정(Calculation)과 사양(Specification)의 조합을 제공하였고 이는 결국 품질이 요구되었다. 따라서 품질과 신뢰성은 연대순으로는 분리되어 있어도 밀접하게 연결된다. 더욱이 신뢰성 문제는 기술적 구성요소에 국한되지 않는 것으로 밝혀졌으며, 이는 곧 인간과 조직도 포함하게 되었다.

인적 신뢰도(Human reliability)

신뢰성 문제는 처음부터 구성요소와 시스템 수준 전체에서 기술과 관련이 있었으며 이를 다루는 것은 충분하다고 가정했다. 이 낙관적 견해는 1979년 쓰리마일 원자력발전소 사고로 극적으로 바뀌었다. 사고가 어떻게 발생했는지 설명할 수 있는 원인을 찾아보니, 시설의 신뢰성 평가에서 필수"구성요소"중 하나인 인적 운용자를 놓친 것이 분명했다. 기계적 및 기술적 오류가 사고의 원인인 반면, 운용자도 냉각재 유량상실 상황을 올바르게 인식하지 못했다. 이는 사용자 인터페이스의 부족

제2장 - 단편적 관점의 역사적 이유(Historical reasons for the fragmented view)

한 교육과 표준이하의 인적요인 설계조합에 의한 것이며 따라서 실제로 개별적인 "인적오류"가 아니었다. 사고가 어떻게 발생했는지에 대한 이해에서, 구성요소를 신뢰할 수 없는 것과 같은 방식으로 운용자의 수행력은 신뢰할 수 없는 것으로 간주되었다. 인간이 일반적으로 신뢰성을 평가할 수 있는 오류가 있는 기계로 간주되었다. (안타깝게도, 기술적 신뢰성 문제에 권장되는 해결책은 단순히 인적 신뢰도로 이어질 수 없었다. 가령, 공급업체에 신뢰성 요건을 제기할 수 없었다.) TMI 사고 이후의 대응은 1940년대 후반부터 인적수행의 신뢰성 문제를 해결하려 했던 이전의 노력을 통합하여, 그 결과 1980년대와 1990년대에 급속도로 성장한 인적 신뢰도평가 분야를 확립했다.

고신뢰성 조직(High Reliability Organisations)

미국의 사회학 교수인 페로우(Charles Perrow)는 1984년 도발적인 제목의 정상사고(Normal Accidents: Living with High-Risk Technologies) 라는 책을 출판했다. 이 책에서 페로우는 기술적 위험의 사회적 측면을 분석하고, 안전을 보장하는 엔지니어링 접근방식은 점점 더 실패가 불가피한 복잡한 시스템으로 이어져 작동하지 않는다고 주장했다. 곧이어 다른 이들은 실제 예측할 수 있고 두려운 "정상" 사고를 피할 수 있을 것으로 보이는 조직이 있다고 지적했다. 그들은, 시스템 사고는 불가피한 것이 아니라 적어도 어떤 경우는 관리할 수 있다고 주장했다. 근본적으로 오류가 없는 방식으로 기능할 수 있는 조직을 고신뢰성 조직(HRO: High Reliability Organisations)으로 불린다(Roberts, 1989).

HRO에 있어서 신뢰성은 의지할 수 있거나 믿을 수 있고, 필요한 때 요건에 따라 운용되며, 신뢰할 수 있는 방식으로 수행하는 조직의 의미로 이해된다. 더 넓은 해석으로 신뢰성은, 실패가능성이 낮거나 "정상"보다 낮다는 의미일 뿐만 아니라, 필요하고 기대한대로 수행할 가능성이 문제없을 만큼 충분히 높다는 것이다. 이 해석은 레질리언스 엔지니어링에서 사용되는 레질리언스 의미와 매우 가깝다(Hollnagel, Woods, & Leveson, 2006). 따라서 HRO 커뮤니티의 연구자들이 레질리언스라는 용어를 처음 사용한 것은 놀라운 일은 아니다(Weick & Sutcliffe, 2001).

기술 장비의 신뢰성 부족으로 발생하는 문제에 대해 제안된 해결책이 생산성, 품질 및 안전을 위해 제안된 해결책보다 구체적이지 않다면 인적신뢰도나 조직의 신뢰성에 대한 문제는 거의 개선되지 않는다. 엔지니어링 모델에 맞추기 위해 필요했던 "인적오류"의 개연성을 계산하기 위해, 인적신뢰도를 위한 여러 방법이 개발되었다. 그러나 인간을 (과거의 인적요인처럼) 자동화로 대체하는 것 외에 인적신뢰도를 향상시키는 방법은 실제로 거의 이루어지지 않았다. 조직의 신뢰성 또는 HRO의 경우 5가지 특성이 제안되었다. 실패에 대한 심취, 단순해석에 대한 저항, 운용상황의 민감성, 레질리언스에 대한 전념, 전문성에 대한 존중 등이 그것이다. 그러나 이러한 특성들을 어떻게 결정하거나 측정할 수 있는지를 보여주는 측면은 거의 수행되지 않았으며, 관리 및 개선방법 측면에서 구체적으로 만들어진 것도 거의 없다.

신뢰성 문제의 유산(Legacy of the reliability issue)

신뢰성 문제에 대한 해결책은 4번째 사일로(그림2.5)를 만들었으며, 인적신뢰도와 조직 신뢰성이 별개의 문제로 간주된다면 아마도 5번째와 6번째도 창조될 수 있을 것이다. 인적신뢰도는 어느 정도 분명하지만, 조직의 신뢰성은 HRO와 안전문화의 복잡한 혼합물(mélange) 형태로 남아있다. 신뢰성은 이전의 세 가지 문제만큼 분명하지 않았으며, 다소 추상적일지라도 간단하고 이해하기 쉬운 해결책을 제시할 수 없었다. 생산성과 품질은 측정가능하고, 안전성조차도 측정 가능하지만(존재보다는 부재로 측정되지만), 신뢰성은 추정으로만 가능하다. 이로 인해 중요성이 떨어지지는 않지만 일상적인 관리에서는 덜 가시화된다. 신뢰성 분석은 품질 및 안전에 사용되는 많은 기술에 피상적으로 의존한다. 신뢰성의 주요 유산은 다음과 같다.

- 확률론적 추론: 신뢰성의 초점은 초기에는 기술이었지만, 후에는 인간과 조직의 실패나 오작동이었다. 이것은 결정론적 의미로 접근할 수 없었지만 어떤 일이 일어날 가능성이 얼마나 되는지 설명에 의해서만 접근할 수 있었다. 이것은 오늘날 필수적으로 된 대형시스템의 확률

론적 안전성 분석을 위한 문을 열었다. 이러한 유형의 추론은 실제 개념적 통합 없이도, 생산성 문제로부터 분해의 유산과, 안전성 문제로부터 선형적 인과관계가 영구화 되었다.

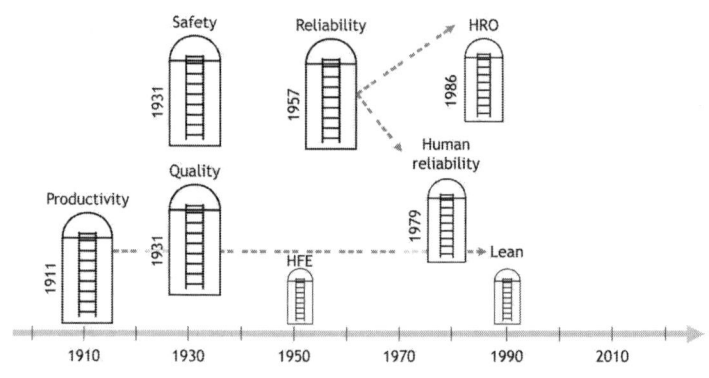

그림2.5 네 번째 사일로 (신뢰성)

2-6 공동 유산(The common legacy)

이러한 네 가지 문제에 대한 해결책으로 문제를 분리하여 원인을 찾고 처리함으로써 해결될 수 있다는 믿음을 강화했기 때문에 단편화 현상이 일어났다. 생산성의 경우는 현장에서 먼저 나타났기 때문에 그리 놀라운 일은 아니었을 것이다. 역사적으로 테일러의 과학적 관리는, 한편으로는 품질에 대한 슈하르트의 관심과 다른 한편으로는 부상 및 사고에 대한 하인리히의 관심에 의해 곧 빗나갔다. 품질과 안전 모두 경제적 중요성이 지배적이었으며 실제로 주요 동기였다. 그럼에도 불구하고 개념적 수준에서 품질과 생산성 또는 안전성과 생산성의 관계, 즉 문제를 결합하거나 서로 의존하는 방법을 진지하게 고려하는 것은 시도되지 않았다. 이것은 기술적 신뢰성에서 인간과 조직의 신뢰성으로 옮겨갔기 때문에 어떤 의미에서는 훨씬 더 혼란스러웠다. 그러나 각 도메인에 대한 신뢰성은 실제로 깊게 들어가진 않고 증상 개선책으로만 사용되었다. 모든 경우에 있어서 선형적인 원인-결과 추론의 유산이 입증되었으므로 이제는 당연한 것으로 받아들일 정도로 강화되었다. 그러나 선형적 인과관계는 오늘날의 많은 비선형적이고 다루기 어려운 시스템과 조직에는 부적합하다. 단편화의 이유 중 하나는 오늘날의 기술사회가 어떻게 발전하고 성숙했는지에 있으며, 본질적으로 연관된 또 다른 이유는 인간이 어떻게 추론하고 생각하는지, 제3장의 단편화에 대한 심리적 이유에서 찾을 수 있다.

제3장 - 단편적 관점의 심리적 이유
(Psychological reasons for the fragmented view)

3-1 소개(Introduction)

조직을 관리하는 방식을 지배하는 단편적 견해에는 두 가지 주요 이유가 있다. 역사적 이유로써, 다양한 문제가 서로 다른 시점에서 인식되고 개별적으로 해결되었다는 사실은 제2장에서 설명했다. 이번 장에서는 심리적 이유가 무엇을 의미하고 어떤 영향을 끼치는지 설명할 것이다. 단편적 견해의 상당 부분, 우리 마음이 작용하는 방식, 우리가 세상에 대해 생각하는 방식에 대한 결과라는 것이 주된 주장이다. (우리를 둘러싸고 속해있는 세상, 즉 인공물, 시스템 및 조직 등 대부분은 우리의 존재, 웰빙, 생존에 필요한 기능과 서비스를 제공하기 위해 구축되었으며, 대부분 뒤늦게까지도 깨닫지 못한 채 의존하게 되었다.) 요컨

제3장 - 단편적 관점의 심리적 이유(Psychological reasons for the fragmented view)

대, 심리적 이유는 사람들이 좋든 싫든 사물에 대해 생각하는 방식이므로, 사물과 상호작용하며 관리하는 방식을 설명한다. 뒤늦게 깨달았든 선견지명이든 잘 안될 것이 분명한 경우에도 가능한 한 단순한 방식으로 수행하는 것이 인간 본성의 일부 인 것 같다.

"근로자"들의 특성이라는 측면에서 심리적 이유를 인적요인과 동의어로 보는 것은 솔깃한 이야기다. 그러나 그렇게 하는 것은 논쟁의 본질을 놓치는 것이다. 많은 경우에 "인적요인"이 무엇을 실패하거나 제대로 작동하지 않는 이유를 설명하는 편리한 방법으로 주로 이용된다는 사실과는 별개로, 심리적 이유는 단순히 다른 사람으로부터 기인할 수 없기 때문에 다른 사람들이 하는 것처럼 잘 처리된다. 심리적 이유는 이 글을 쓰는 저자를 비롯하여 이 책을 읽는 독자들과 우리 모두에게 적용된다.

철학, 심리학 및 과학적 훈련으로서 인적요인까지도 모두 인간의 정신(Mind)이 어떻게 움직이는지 이해하고 설명하려고 노력했다. 이에 관한 수많은 책과 논문은 물론 이론, 모델, 아이디어는 대부분 일관적이지 않으며 일부는 모순되지만 추측들도 많다. 심리학은 형식적이지도 않고 자연과학도 아니기 때문에 아직 통일된 정신이론(Theory of mind)은 없으며, 그것이 말이 되는지에 대한 상당한 의견차이가 있다. 본 장의 목적은 정신이 어떻게 작용하는지에 대한 논쟁을 시작하는 것이 아니라, 인간이 무엇을 하며 어떻게 하는 지에 대한 결과를 갖고 있기 때문에, 인간이 인식하고 생각하는 방식에 몇 가지 근본적인 현상이 있음을 지적하는 것이다. 불필요한 혼선을 방지하기 위해, 초점은 뇌에 있는 것이 아니라 정신에 있다. 인간의 사고와 추론이 편재하는 소수의 특징으로 설명을 제한한다. 물론, 단편적 견해가 어떻게 묘사되고 마음이 어떻게 움직이는지 이해하는 것에 적용된다는 것은 다소 아이러니 하지만, 그것을 반영하고 인정하지 않으면 분석과 설명은 제약적 사고 방식에 영원히 갇히게 될 수 있다.

제한된 관심 범위(Limited span of attention)

좋든 나쁘든 자연스러운 시작은 생물학적 기반이라고 할 수 있는 특성을 살펴보는 것이다. 이것은 뇌가 어떻게 연결되어 있는지 또는 인간의 신경 생리학적 과정이 어떻게 일어나는지에 따라 다양하게 설명되는 어떤 결과이다. 이러한 프로세스에 대한 과학적 지식이 불완전하다는 사실을 차치하더라도, 체계적 제어수단을 넘어서기 때문에 무언가를 할 수 있는 것은 없다. 의심할 여지없이, 가장 중요한 특징은 관심의 제한, 제한된 관심 범위이다. 무언가에 관심을 두는 것은 주의를 기울인다는 것이며, 주변 배경의 노이즈 또는 비정상적이거나 예상치 못한 일에 대해 눈에 띄는 강한 시그널이기 때문에 흥미롭거나 중요시하는 것이다. 또한 관심의 범위는 두 가지 다른 의미가 있다. 그 하나는 무언가에 주의를 기울이고, 초점을 유지하거나 그것에 집중할 수 있는 시간의 길이다. (현대기술로 인해 관심 범위가 줄어드는 것은 애석하다. 마이크로소프트의 한 연구에 따르면 2019년 인간의 평균 집중시간은 8

제3장 - 단편적 관점의 심리적 이유(Psychological reasons for the fragmented view)

초로, 2000년 평균 12초에 비해 급격히 감소했다. 이에 비해, 금붕어는 집중시간이 9초라고 한다.) 다른 하나는, 동시에 염두에 두거나 주목할 수 있는 것, 또는 생각이다. 현대 심리학 용어에서 이것은 종종 단기기억의 범위 또는 정보를 수신하고 처리하는 능력의 한계로 불린다. 영향력 있는 미국 철학자이자 심리학자인 윌리엄 제임스는 관심에 대해 다음과 같이 썼다.

우리가 관심을 가질 수 있는 것은 개인적 지성, 불안형태, 사물이 무엇인지에 따라 무한하다. 개념적으로 연결된 시스템으로 이해하면 그 수가 매우 클 수 있다. 그러나 그 수가 많다 해도, 하나의 복잡한 "관심대상(Objects)"(p.275ff.)을 형성하는 의식의 단일파(Single pulse)에서만 알 수 있으므로, 정확히 말하면 소위 마음 앞에는 여러 아이디어가 결코 없다.

(W. James, 1890, p.405)

원칙적으로 한 사람이 관심을 갖는 개수에는 때때로 제한이 없으며, 기본적으로 충분한 시간이 주어지면 사람이 생각하고 알 수 있는 것의 수에는 제한이 없다는 말이다. 그러나 우리가 동시에 얼마나 많은 것 또는 어느 정도 관심을 가질 수 있는지에 대한 한계는 엄격하다. 윌리엄 제임스에 따르면 그 개수는 단 하나이다. 즉, 한 번에 한 가지에만 집중하거나 의식할 수 있다는 것이다. 정신이 방황하기 전에 주의를 잃지 않고 얼마나 긴 시간 동안 할 수 있는지도 한계가 있으며, 이 한계는 잘 정의되어 있지는 않지만 사람과 상황에 따라 다르다. 이 두 경우 모두 그 이유는 아마도 뇌의 작용방식과 본질적으로 관련이 있는 것으로 추정되며, 이는 단순히 생물학적 한계를 받아들여야 한다는 것을 뜻한다. 인간은 실제로 이러한 한계를 극복하기 위해 여러 가지 방법을 만들었지만, 일어나는 일에 대해 전체가 아닌 단편적으로만 주의를 기울일 수 있다는 사실은 여전히 남아 있다.

제한된 관심의 범위문제는 1860년대 실험심리학의 초기부터 광범위하게 연구되어왔다. 그것은 또한 현대 심리학에서 가장 영향력 있는 논문 중 하나라고 할 수 있는 주제였다. 조지 밀러가 쓴 "마법의 숫자 7 ±2: 정보처리 능력에 대한 일부제한"은 그 자체로 주목을 받았다. 당시 논문은 인간 정보처리라는 개념을 통해 제한된 관심 범위를 자세히 살펴보았다. 밀러는 광범위한 실험결과를 분석하고 단기기억으로 불리며 "마법"으로 알려진(출처는 분명치 않은) 숫자 7이라는 관심 범위에 한계가 있다는 결론에 도달했다. (제임스와 밀러는 두 가지 다른 현상을 언급했기 때문에 명백히 충돌했다. 제임스는 얼마나 의식할 수 있는지에 대해 서술하였고, 밀러는 전화할 때 전화번호를 기억하는 것 같이, 짧은 시간동안 얼마만큼 기억하는지에 대해 서술했다.) 숫자가 7이든 그 이하이든, 또는 숫자를 제안하는 것이 타당하든, 인간의 관심 범위에는 한계가 있다는 사실이다. 이것은 분명 세상과 더불어 설명하고 이해하고 상호작용하는 능력에 영향을 미친다. 이러한 한계는 19세기 말에는, 오랜 시간동안 주의를 기울일 필요가 거의 없었고 주로 수작업이어서 인지능력보다 지각운동능력에 기반 했기에 과거에는 심각한 문제를 일으키지 않았다. 그러나 현재는 동일한 한계가 문제되고 있으며 1950년대 정보기술혁명 이후 점점 더 심각해지고 있다.

또 다른 차이점으로써 제임스는 누군가가 세상을 인식하는 방법과 사람들이 무언가를 생각하거나 결정 내리려고 할 때 떠올릴 수 있는 것의 수를 어떻게 관심이 제한하는지에 대해 서술했다는 것이다. 그러나 두 경우 모두, 이를테면 업무의 일부가 아닌 여가시간에 했다. 밀러는 여러 항목을 구별해야 할 필요성과 어떤 일을 수행하는 과정에서 기억할 필요성, 즉 실제로 어떤 것을 할 수 있는 능력에 대한 관심의 한계범위 결과에 더 관심을 가졌다. 결과는 두 경우 모두 단편적 견해이지만, 조직관리와 같이 어떤 일의 일부 인 경우는 더 심각한 문제가 된다. 관심의 한계범위는 혼란스러운 현실을 이해하는데 도움 되도록 개발된 수많은 시스템이나 체제에 반영되어, 각각은 소집합의 개별 범주를 제안하여 해결책을 제공했고, 그로 인해 극복하려했던 단편화를 의도치 않게 강화시켰다. (거의 모두가 "마법"의 숫자 7을 준수한다는 점도 흥미롭다.) 추상화계층 이론(Rasmussen, 1986)은 가장 잘 알려진 버전이며, 밀러의 생명시스템이론(living systems theory, James Miller, 1978), 비어의 자립시스템모델(viable systems model, S. Beer, 1984), 스노든의 시네핀 프레임워크(Cynefin frame work, Kurtz & Snowden, 2003) 등 몇 가지 실례가 있다.

입력정보 과부하(Information Input Overload)

이제는 없어서는 안 될 정보기술의 기초가 된 조지 밀러의 연구는 과학과 기술발전의 맥락에서 이루어졌다. 컴퓨팅 및 디스플레이 기술을 통해 그 어느 때 보다 더 많은 정보를 더 빠르게 수집, 전송 및 제공할 수 있게 되었다. 이에 비하여, 관심의 한계범위는 사람들 앞에 놓거나 강요할 수 있는 정보에 관심을 기울이고 이용할 수 있는 능력(또는 무능력)의 결정적 결과가 된다. 입력정보 과부하(IIO)는 데이터의 과도한 양을 나타내는 기술용어이다. 여담으로 전도서(Ecclesiastes 12:12)의 저자가 "책을 쓰는 일은 끝이 없다"고 비평한 것처럼 이 문제는 새롭게 대두된 것이 아니지만, 과학적 관리가 시작되었을 때와 마찬가지로 작업이 주로 수작업이었을 때는 제한적인 문제였다. 그 당시의 일은 오늘날만큼 빠르게 진행되지는 않았으나 일이 필연적으로 점차 수작업에서 인지적 작업으로, 즉 육체로 일하기보다 정신적인 일로 바뀌면서 정보를 다루는 능력이 중요해졌다. 동시에 컴퓨터 디스플레이가 내부의 방대한 데이터 공간에 접근할 수 있는 작은 열쇠구멍으로 변하면서, 정보량은 물리적 공간에 장착할 수 있는 도구나 측정장치 수에 의해 제한되는 것으로부터 거의 무제한으로 변화했다(Woods & Watts, 1997). 20년 전에는 이것이 업무 환경에 있어서 인간-기계시스템의 문제로 인식되었으며, 오늘날에는 우리 모두의 문제가 되었다.

관심의 한계범위는 생물학적 기반이 있는 절대조건인 반면, 입력정보 과부하는 상대적 조건에 가깝다. IIO는 현재 제공되는 정보를 다루거나 처리할 수 있는 순간적인 용량이 부족함을 의미한다. 입력정보의 비율이나 양의 증가(새로운 상황 발생이 너무 빠르거나 동시에 너무 많이 발생), 그 정보처리 능력의 일시적 감소(피로, 스트레스, 방해, 경쟁 직무), 또는 동시에 두 가지 모두의 결과일 수 있다. 이용 가능한 모든 정보를 받아들이거나 주의를 기울이는 것이 불가능하여, 결국 무엇인가 불가피하게 누락 된다는 것이 IIO의 피할 수 없는 결과이다. 그 조건이 자주 발생하기 때문에, 인간은 일시적 입력 비처리(Non-processing of input)부터 작업을 완전히 포기하는 것에 이르기까지 시간이 지남에 따라 대응방법을 개발했다. 이러한 두 극단 사이에서 전반적인 필수정보를 보존하는 동시에 작업을 계속하며, 상황을 악화시킬 수 있는 지연을 회피하기 위한 다양한 계획이 있다. 따라서 이러한 반응은, 나중에 더 자세히 설명하겠지만, 효율성과 완전성 사이의 균형(Trade-off)으로 볼 수 있다.

필수정보가 무엇인지 규정하는 것은, 물론 객관적으로 할 수는 없지만 현 상황에 대한 각자의 해석과 목표에 따라 다르다. 따라서 이러한 반응의 존재 자체는 상황에 필요한 정보와 그 정보처리방식 간 긴밀한 결합을 의미한다. 표3.1은 이러한 반응의 기본방식을 나타낸다.

표3.1 입력정보 과부하 대응계획

IIO계획	정의	이용 기준
생략	일시적, 임의적 정보 비처리. 일부 입력정보 손실	추가 폐해 없이 작업을 완료하는 것이 중요
정확성 감소	속도와 시간의 정확성 트레이드. 모든 입력을 피상적으로만 고려. 추론은 더 피상적	시간 단축이 중요. 필수 정보손실이 없도록 할 것
대기	나중에 입력(Stacking input) 할 수 있다는 가정 하에 과부하시 대응 지연	정보를 손실하지 않는 것이 중요(일시적 조건에서만 효율적)
여과	특정범주 처리방치. 비처리 정보 손실	시간/용량 제한 매우 심각함. 큰 변수는 주목하기에 충분함
범주 잘라내기	식별수준 감소. 입력을 설명하기 위해 더 작은 등급 또는 범주 사용	
분산	가능한 한 프로세스 분산. 지원요청	추가 자원의 가용성
탈출	작업 포기. 현장을 떠남	시스템 자체보호

사람이 어떻게 대응하든 단편적 견해 또는 단편적 이해는 피할 수 없는 결과이다. IIO가 초기에는 대부분 개인이 너무 많은 정보에 직면한 현장 상황에서 주로 연구되었지만, 오늘날은 깨어있는 시간 내내 우리 대부분의 일상생활에 적용되는 것 같다. 문헌에서 강조된 주제는 사용 가능한 정보가 풍부함에도, 필요할 때 관련 정보를 찾기 어려울 수 있는 역설적 상황이다. 정보가 부족한 상태를 입력정보 부족이라고 한다(Reason, 1988). (IIO에서 처리하는 의도하지 않은 결과는 "잘못된"

정보가 필터링 되거나 선택 해제되어 입력정보가 부족한 상황일 수 있다.) 이것은 의심할 여지없이 조직의 관리방법 문제이기도 하다. 여기서 예를 들어, 한 시스템의 모든 부분이 데이터수집 노드인 네트워크 중심 조직의 경우 모든 것에서 언제든지 무비판적으로 정보를 수집하는 능력은 일반적으로 장점으로 받아들여진다. 더 많은 정보를 얻는 동안 장점이 있을 수 있지만 IIO로 이어지는 심각한 단점도 있다. 대중적인 "해결책"은 관리계기판을 사용하여 모든 중요한 정보를 한곳에 제공하여 최신 데이터를 기반으로 빠른 결정을 내릴 수 있도록 한다. 그러나 이는 실제로 단편화를 더 크게 만들 가능성이 크다.

IIO는 특히 현대적인 현상처럼 보일 수 있지만, 특히 정보기술의 유비쿼터스적 사용과 중독으로 인해, 표3.2에 정의된 기본범주를 1960년 밀러(James G. Miller)의 논문에서 찾아볼 수 있다. 당시에는 소수만이 개인용 컴퓨터의 영향을 상상할 수 있었으며, 월드와이드웹(WWW)은 거의 30년 후인 1989년 이전에는 발명되지 않았다.

제한된 합리성(Bounded rationality)

관심범위의 한계는 생물학적 근거가 있으므로 피할 수 없지만, 입력정보 과부하에 대한 대표적인 대응은 생물학적 및 인지적 기반에 있다. 한계가 인지적 근거를 갖는다면 상당한 수준의 노력이 필요할 수 있지만 이는 극복할 수 있다. IIO 대응은 정형화된 패턴으로, 일부는 본능적인 반면, 다른 일부는 정보를 생략하거나 대기열에 추가하는 것과 같이 의도적이다. 따라서 IIO 대응은 생물학적 및 인지적 영역에 걸쳐있다. 장점은 과부하 상태에서 일시적으로 완화된다는 것이며, 단점은 상황에 대한 단편화의 불완전한 이해를 초래하고 입력정보의 부족상태로 이어질 수도 있다. 이것은 많은 결과를 초래할 수 있으며 분명한 내용 중 하나는 부족한 입력정보로 어떻게 결정을 하게 되는가이다.

합리적 사고나 체계적으로 올바른 추론은, 적어도 논쟁의 형식적 정확성을 위한 방법론적 원칙(Organon)을 공식화한 아리스토텔레스 시대부터 인간의 이상이었다. 비록 형식적으로 올바른 주장에 의한 결론이나 결정이 실제로 옳다는 것을 보장하지는 않지만, 적어도 형식적으로 적절하지 않다면 사실상 무언가 체계적으로 옳을 수 있을 것 같지는 않다. 즉, 형식적으로 올바른 추론이 사실상 올바른 결론을 내리기 위한 전제조건으로 보인다. 이것은 추론이나 의사결정 등, 어떤 일을 할 때 합리성에 대한 현대적 정의에 의해 논리와 일치하거나 논리에 기반을 두는 특성으로 나타난다.

고전적이거나 규범적 결정이론, 특히 경제행위와 관련된 결정이론의 한 부분에 종종 합리적 경제인(Homo economicus)으로 알려진 이상적 의사결정자에 대한 언급이 있다. 이 의사결정자는 모든 정보를 알고 있으며 모든 과정과 그 결과를 알고 있다고 가정한다. 이 의사결정자는 대단히 세심하여 대안(Alternatives)의 특성을 무한히 나눌 수 있으며, 결국 합리적으로 간주된다. 무한하게 나눌 수 있다는 표현은, 의사결정자가 대안을 약한 순서로 배열하고, 대안 간 선호도를 결정하여 유용성, 위험성 등 어떤 사항을 극대화하기 위해 선택할 수 있어야 한다는 것을 의미한다. 명백히 잘못되었지만, 합리적 경제인의 신화는 합리적인 의사결정권자와 최적의 결정이 무엇인지에 대한 기준을 정의하기 때문에 여전히 중요하다. 대리인은 항상 소비자로서의 유용성과 생산자로서의 이익을 극대화하는 방식으로 행동하며, 더욱 중요한 것은 그 목적을 위해 임의로 복잡한 추론을 할 수 있다고 가정한다. 그들은 합리적 의사결정자로서 항상 가능한 모든 결과를 생각할 수 있고 최상의 결과를 제공하는 행동을 선택했을 것이다.

심리적 기반을 둔 단편화의 한 가지 결과는, 위에서 설명한 관점에서 결정은 결코 합리적이지 않다는 것이다. 이는 분명히 결정이론과 관리이론 모두에 의해 인식되어 왔다. 결정이론은 합리성에 대한 보다 "인간적(Humane)"인 버전을 개발하려고 노력해왔으며, 다른 한편으로는 심리적으로도 현실적이면서 정의하는 특성 중 일부를 충족시켰다. 서술적 의사결정 및 자연주의적 의사결정과 같은 대안적 견해도 제안되었다(Klein et al.,1993). 관리이론은 합리적 의사결정자의 전통에 도전하며 대안을 제안했다. 사이몬(Simon,1956)의 "만족할 만한 수준에 머무르기(Satisficing)"와 린드블롬(Lindblom, 1959)의 의사결정에 대한 "그때그때 필요한 조정하기(Muddling through)"개념 등이 가장 잘 알려진 이론들이다. 두 경우 모두 의사결정은, (1) 주요목표 정의, (2) 몇 가지 명백한 대안의 개요, (3) 수단과 가치 간 합리적 대안선택, (4) 결과가 만족스럽지 않거나 상황이 너무 많이 변할 경우 절차의 반복, 등의 단계를 거치는 것으로 간주된다.

사이몬은 인간인지의 한계로 인해 만족할 만한 수준에 머무르는 것은 불가피하며, 생물학적 기반을 두었다고 주장했다. 그는 제한된 합리성(Bounded rationality)이라는 용어를 사용했고 합리성은 결정 문제의 취급 용이성, 마음의 인지적 한계, 결정을 위해 이용 가능한 시간 등에 의해 제한된다는 것을 강조했다. 이 관점에서 의사결정자는, 최적의 해결책이 아닌 만족할 만한 해결책을 찾는 사람(Satisficers)의 역할이다. 린드블롬은 더 실용적인 접근방식을 취했고, 그때그때 필요한 조정하기는 경제적 합리성과 제한된 합리성 사이에서 결정을 내리는, 현실적으로 가장 좋은 방법이라고 주장했다. 따라서 그때그때 필요한 조정하기는 인지적 기반이기보다 사회적 기반이라 할 수 있다. 한계에 사회적 근거가 있다면 원칙적으로 극복할 수는 있지만 그렇게 하는 것은 주류에 반하는 것이므로 계속해서 설명과 정당화가 필요하다. 따라서 일반적으로는 그 상태 그대로 계속하는 것이 더욱 효율적이다. 한계가 생물학적, 인지적 또는 사회적 기반인지 여부와는 관계없이, 결정을 내릴 때는 이용 가능한 정보 일부만 고려했기 때문에 결과는 단편적 견해이다. 이는 조직의 관리방식, 기대(예상)치의 품질 또는 정확성, 전략적 및 전술적 수준의 계획에 분명히 영향을 미친다.

만족할 만한 수준에 머무르는 전략은 의사결정에 있어서 경험적 발견법(Heuristics)을 사용하는 좋은 예이다. 이 학습법은 복잡한 문제와 가장 연관된 측면에 초점을 맞추는 것을 포함하여 결정하는 간단하지만 실용적인 전략이다. 이것은 최적이거나 완벽하지 않고 합리적이지도 않지만, 일반적으로 즉각적이며 단기적인 목표를 달성하기에 충분하다. 경험적 발견법은 단편화를 보상하지는 않지만 결과를 완화하는 방향으로 이동한다. 잘 알려진 발견법으로는, 어떤 일의 가능성이 특정 아이디어를 쉽게 떠올릴 수 있는 방법에 기초하는 가용성(Availability) 발견법, A가 B와 닮은 정도에 따라 B를 대표하는 것으로 간주하는 대표성(Representativeness) 발견법, 시작점이 다르면 추정치가 달라지며 추가적으로 충분하게 수정되지 않는 기준점(Anchoring) 발견법 등이 있다(Tversky & Kahneman, 1974).

효율성-완전성의 균형
(ETTO: Efficiency-Thoroughness Trade-Off)

개인이든 집단이든 일반적으로 어떤 일을 수행하기 위한 자원은, 늘 그렇지는 않지만 종종 부족하다. 가장 빈번한 결핍은 시간부족이지만 정보, 재료, 도구, 에너지 및 인력과 같은 자원도 제한될 수 있다. 예를 들어, IIO에 대응한 결과로 정보가 누락될 수 있다. 그럼에도 불구하고 일반적으로 사람들은 요구사항과 현재 조건을 충족하기 위해 수행하는 작업을 조정하여 허용 가능한 요건을 충족시킨다. 즉, 수요와 자원 간의 균형을 찾는 것이다. 조건에 맞게 수행력을 조정하는 이 능력을 효율성-완전성 간 균형으로 설명할 수 있다(Hollnagel, 2009).

- 효율성이란 명시된 목표 또는 목적을 달성하는데 사용되거나 필요한 투자 수준 또는 자원의 양 등이 허용 가능함을 의미한다. 자원은 시간, 재료, 자금, 심리적 노력(작업량), 육체적 노력(피로), 인력(인원수) 등으로 표현할 수 있다. 허용 가능한 수준 또는 양은 목표를 달성하기에 충분한 것, 즉 국부적으로 적용되며 외부 요건 및 요구의 기준에 따라 충분히 허용할 수 있는 주관적 평가로 결정된다. 개인의 경우 소모하는 노력의 정도에 대한 판단은 일반적으로 의식적이지 않고 오히려 습관, 사회적 규범 및 관행의 결과로 된다. 조직의 경우에는 린 관리(Lean management)철학과 같은 직접적인 판단사항의 결과일 가능성이 더 높지만 이 선택 자체도 ETTO 원리의 적용을 받는다.

- 완전성이란 개인이나 조직이 활동목표를 달성하고 원치 않는 부작용을 일으키지 않도록 필요하고 충분한 조건이 마련되어 있다고 확신할 경우에만 활동을 수행한다는 의미이다. 이러한 조건은 시간, 정보, 재료, 에너지, 능력, 도구 등을 포함한다. 이 확신이란 매우 주관적이며 다양한 형태의 사회적 압력을 쉽게 받을 수 있는 한계가 있다. 보다 형식적인 표현으로, 완전성은 활동을 위한 전제조건이 준비되어 있고, 결과가 의도한 대로 되도록 실행조건 또는 운영조건이 수립되고 유지될 수 있다는 것을 의미한다.

ETTO 원리는 사람 (및 조직)이, 항상 그렇지는 않지만 그들 활동의 일부로써 무언가를 준비하는데 사용하는 자원(주로 시간과 노력)과 수행하기 위한 자원(주로 시간과 노력) 간 절충해야 한다는 사실을 인식한다. 품질과 안전이 진정으로 주요 관심사인 경우 효율성보다 완전성을 선호하며, 처리량과 결과가 주요 관심사인 경우 완전성보다 효율성을 선호할 수 있다. ETTO 원리에 따르면 효율성과 완전성을 동시에 극대화할 수는 없다. 반대로, 효율성과 완전성 어느 쪽이든 최소값이 없으면 성공적인 활동을 기대할 수 없다.

어느 특정한 효율성-완전성 간의 균형은 물론 경험적(Heuristic)이다. 실제로 사람들은 작업, 문제해결 및 의사결정을 보다 효율적으로 하기 위해 지름길, 탐구적 학습, 합리화 등을 활용한다. 개인적 수준에서도, 예를 들어, "나중에 누군가 확인할 것이다," "이미 누군가에 의해 확인되었다," "Y처럼 보이므로 아마도 Y일 것이다." 등 많은 ETTO 규칙을 볼 수 있다. 조직 수준에서도, 부정적 보고(보고가 없는 경우 모든 것이 정상으로 해석), 비용절감 명령(비용의 완전성으로 효율성 향상), 딜레마(명시된 정책은 "안전제일"이지만 암시적 정책은 "목표충돌 시 생산 선행") 등의 ETTO 규칙이 있다.

최근에 있었던 예로, 2019년 7월 18일 미국교통부장관 차오(Elaine L. Chao)는 연방항공국이 보잉737MAX를 다시 비행에 승인한 것에 대해 언급했다. 그녀는 FAA가 "규정된 일정이 아닌 철저한 절차를 따르고 있으며 ... FAA는 안전하다고 판단될 때 항공기의 비행금지명령을 해제할 것"이라고 지적했다. 드문 일이지만 이 내용은 효율성보다 완전성이 우선하는 예이다.

확증편향(Confirmation bias)은 실제로 ETTO 원리의 특별한 경우이다. 이것은 사람들이 기존의 신념, 가설 및 가정을 확인하기 위해 정보를 검색, 해석, 선호 또는 기억하는 경향을 설명한다. 확증편향은 사람들이 정보를 수집하거나 기억하는 방법에 영향을 미친다. 기대를 확증하는 실례가 발견되면 증거나 "입증"검색이 중단되기 때문에 효율성에 분명히 기여한다. 마찬가지로 IIO에 대한 필터링 응답의 실례로 볼 수 있다. 이것은 어떤 것이 과학적이기 위해서는 반증 가능해야 한다는 철학적 반증원칙(Falsification principal)과 충돌한다. 다시 말해, 어떤 것이 사실인지 확인하려할 때 근본적인 가정에 반하는 부정적인 예를 찾아야 한다. 그렇게 하려면 일반적으로 훨씬 더 많은 노력이 필요하므로 절대적으로 필요한 경우가 아니면 피한다. 확증편향은 개인적 신념을 과신하는데 기여하고 반대되는 증거에 직면하여 신념을 유지하거나 강화할 수 있다. 이러한 편견으로 인한 잘못된 결정은 안타깝게도 정치적, 조직적 맥락에서 너무 쉽게 찾을 수 있다.

확증편향에는 사실적 및 가설적 편향의 두 가지 변종이 있다. 사실적 확증편향은 자신의 신념이나 가정을 뒷받침하는 사실을 검색한다. 기후회의론자나 평평한 지구를 고집하는 사람 등의 극단적인 경우나 종종 정치적 주장에서도 발견되지만 논리적 사고의 단편이다. 가설적 확증편향은 의도한 행동이나 계획의 긍정적인 결과를 찾고 이를 자신의 계획이 효과가 있다는 "증거"로 사용한다. 이것은 안타깝게도 직장에서 생산성이나 웰빙을 위한 새로운 캠페인이나 린(Lean)관리의 도입과 같이 한두 가지의 계획 또는 조직변화에 자주 사용된다.

3-2 심리적 기반 단편화의 결과
(Consequences of psychologically based fragmentation)

이전 부문에서는 자신이 살고 있는 세계에 대해 생각하고 추론하는 방식에 영향을 미치는 몇 가지 한계와 이러한 한계가 어떻게 생물학적, 인지적 또는 사회적 기반을 가질 수 있는지에 대해 설명했다. 한계를 보완하고 부분적으로 극복하기 위해 사람들은 일반적으로 "그때그때 필요한 조정 해내기"를 가능하게 하는 많은 경험적 학습을 개발했다. IIO에 대한 대응, 제한된 합리성, 효율성-완전성의 균형, 경험적 의사결정 등 몇 가지는 이미 언급되었으며 이 주제에 대한 문헌에서 더 많은 것도 쉽게 찾을 수 있다. 또한 개인의 수행방식, 사람들이 집단적으로 행동하는 방식 및 조직의 수행방식에서 모두 쉽게 인식할 수 있다. 경험적 학습은 삶을 보다 관리하기 쉽게 만들고 복잡성에 대처할 수 있게 하는데 기여하지만, 단편화에 기여하고 증가시켜 효과적인 변화관리에는 장애가 될 수 있다.

이러한 학습법의 대부분은 너무 일반적이고 평범한 관행으로 받아들여져 더 이상 관심을 갖지 않는다. 어떤 경우에는 인간이 생각하고 추론하는 방식의 결점보다는 일과 행동의 맥락을 제공하는 현실에 기인하기도 한다. 이는 사고와 추론이 조건에 어떻게 적응했는지의 결과라기보다 객관적인 존재를 갖는 것으로 간주된다. 근본적인 한계가 생물학적 근거를 갖고 있다면 그것에 대해 무언가를 하는 것이 어렵거나 불가능하다. 그러나 그들이 마음속에 존재할 때, 인지적 근거가 있을 때, 특히 사회적 기반이 있을 때, 그들의 존재가 받아들여지고 인정된다면 그들에 대해 무언가 할 수 있을 것이다. 다음 부분에서는 사회적 기반을 갖고 있는 가장 중요한 한계를 제시하고 설명할 것이다.

이분법적, 이진법적 사고(Dichotomous or binary thinking)

앞에서 언급한 제임스(William James)는, 인간이 세상을 어떻게 경험하는지에 대해 다음과 같이 설명했다.

아직 개별적으로 경험하지 못한 마음에서 동시에 떨어지는 다양한 감각적 근원으로부터 오는 수많은 느낌은 그 마음에 하나의 분할되지 않은 대상으로 결합된다. 그 법칙은 결합할 수 있는 모든 것은 결합하고, 반드시 분리되어야 할 것 외에는 분리되지 않는다.

(James, 1890, p.488)

아기는 자신을 공격하는 정보를 구별할 수 있는 경험과 방법이 없기 때문에 모든 감각적 느낌은 "크고, 엄청나고, 혼란스럽다"라고 느낀다(Ibid.). 인간은 성장함에 따라 데이터의 혼돈에 일종의 질서를 가져오는 다양한 패턴이나 구조(Construction: James의 용어)를 인식하는 법을 배우기 때문에 이를 피할 수 있다(표 3.1의 정밀도와 유형을 줄이는 IIO 전략 조합과 유사하다). 이 구조는 주변 세계를 설명하고 보고 인식하는 습관적인 방법이다. 이는 일종의 단순화를 도입하여 개인에게 제공하고 공유된(주관적인) 이해와 의사소통을 위한 기초를 제공하기 때문에 조직이나 집단에 제공하는 것과 같다. 특히 이 구조는 사람들이 마치 독립적이거나, 독립적으로 존재하는 것처럼 문제를 하나씩 해결할 수 있도록 한다. 이것은 너무 자주 이루어지기 때문에, 그런 식으로 해결할 수 없다는 사실은 점차 잊혀 진다. 이러한 구조를 지속적으로 이용하면, 모든 것이 서로 연결되었고 또한 상호연결을 고려하지 않고 관리하려는 시도는 상황을 악화시킬 뿐만 아니라 새로운 문제를 일으킨다는, 분명한 사실을 이해하기 어렵게 만든다.

제임스의 주장에 따르면, 인간은 세상을 상대적으로 분리되지 않은 것으로 보는 경향이 있거나, 모순과 함께 또는 그 반대인 하나의 개념으로 보는 것을 선호한다. 하나의 구조가 모든 것이 아니라면, 논리적으로 그 일부가 아닌 것이 있어야 한다. 따라서 항상 구조와 대조적이거나 반대되는 것이 있다. 이것은 이분법적(그리스어 dikhotomia에서 유래) 또는 이진법적(라틴어 bini 또는 binarius에서 유래) 사고(Thinking)로 알려져 있다. 오늘날의 언어와 의사소통은 이분법으로 가득하다. "우리와 그들", "흑과 백", "친구와 적", "안전과 불안전"등. 이것은 심지어 사회정체성 이론(Tajfel & Turner, 1986)을 불러 일으켰는데, 이는 사람들이 세상을 내집단(우리)과 외집단(그들)으로 나누는 경향이 있으며, 내집단은 자신들의 이미지를 높이기 위해 외집단을 차별한다는 것이다.

이분법적 또는 이진법적 사고는 마음이 편하기 때문에 주의의 한계 등을 극복하기에 도움이 되는 것 같다. 인간은 단일 개념 또는 단일 아이디어에 집중하기 쉽고, 특히 선형적 인과관계 같이 단일 원칙을 적용하기도 쉽다. 현상 자체가 단순하다면, 간단한 설명이 명백히 정당화된다. 간단한 문제에는 간단한 해결책이 있을 수 있다. 그러나 현상이 단순하지 않고 복잡하거나, 복합적이거나, 다루기 힘들거나, 불명확하다면, 간단한 설명으로는 불가능하다. 불행하게도 복잡한 문제에 대해 간단한 설명을 제공하려는 시도는 문제를 단순하게 만들지 못한다. 실제 어떤 것도 개선할 수 없는 해결책만 나올 것이다. 그럼에도 불구하고, 인간의 생각과 추론은 다양한 한계에 잘 어울리기 때문에 단순하거나 획일적 설명을 좋아하고 선호한다. 인과관계 및 근원분석에서도 이를 쉽게 볼 수 있다. 표3.2는 획일적 사고의 일반적 예를 나타낸다.

표3.2 획일적 원인과 획일적 해결책

획인적 원인 (근본원인)	획일적 해결책 (묘책)
기술적 실패	설계, 건설, 유지
인적오류	교육, 자동화, 재설계, 단순화
안전문화 (부족)	개선된 안전문화
규범과의 차이	준수
불안정	레질리언스
…	…

표3.2는 비사실적 조건문과 유사한 비사실적인 원인을 보여주는 것

제3장 - 단편적 관점의 심리적 이유(Psychological reasons for the fragmented view)

으로 설명할 수도 있다. 비사실적 원인에 따른 추론은 "X가 있었다면 Y는 일어나지 않았을 것"이라는 것이다. 다시 말해서, 그 원인이 필요에 따라 알맞게 "지어낸(Invented)" 무엇인가 부족하기 때문인 것이다. 신뢰 부족, 상황인식 부족, 의사소통 부족, 안전문화 부족 등의 "무엇인가 부족한 것"으로 보이는 원인인 일반적 설명은 비사실적 원인이다.

생산성, 품질, 안전, 신뢰성, 조직관리 또는 기타 문제를 문제별로 처리하고 해결할 수 있다면 정말 좋을 것이다. 이것이 비록 예전에는 오류가 아니었을 수도 있지만, 단순한 해결책의 오류 문제로 부를 수 있다(제2장 참조). 1930년대에는 조직과 생산시스템이 그들 스스로 판단될 수 있었고 지배적인 문제도 스스로 해결될 수 있었다. 시스템은 긴밀하게 통합되지도 않았고 단단히 결합되지도 않았다. 그러나 오늘날의 조직과 생산시스템은 다르다.

오늘날의 문제는 시스템이 복잡해져서 관리와 규제가 어렵다는 점을 우선 지적할 수 있다. 이것은 또 다른 획일적 설명으로도 쉽게 인식할 수 있다. 그러나 문제는 그러한 복잡성이 아니라 심리적 기반의 단편화로 인해 시스템에 대한 적절한 이해를 구축하는 것이 어렵다는 것이다. 시스템과 일을 설명하는데 사용할 수 있는 수단(개념 및 이론)은 지나치게 단순화된 경향이 있으므로 오늘날의 문제에는 부적합하다. 이것은 누구에게도 놀라운 일이 아니다.

인간은 단일 주제나 쟁점의 관점에서 세상을 생각하는 것을 선호한다. 그 예는 정치와 과학 그리고 비즈니스에서도 쉽게 찾을 수 있다. 우리는 세상을 흑과 백으로 묘사하고 그것을 의사소통의 기초로 사용하는 경향이 있다. 이진법이 다른 것보다 소통하기 더 쉽거나, 이진법이 임계값을 초과한 것보다 규제하기 더 쉽다는 잘못된 생각 때문일 수 있다.

선형적 인과관계(Linear causality)

이러한 사고(Thinking)의 한계는 선형적인 추론을 자연스럽게 만든다. 즉, 주어진 현상에 대한 추론은 단계별(Step-by-step) 방식의 결과에 대한 앞 방향으로의 추정이거나 단계별 방식의 원인에 대한 역방향의 분석일 수 있으며, 어느 방향으로든 일반적으로 몇 단계만 수행할 수 있다. 어떤 일을 계획할 때 결과를 생각하고, 그 결과가 무엇인지 가능한 한 상상할 필요가 있다. 여기서 원인은 계획된 행동이나 개입으로 나타나고, 의도되거나 기대된 결과의 효과가 나타난다. 인간은 원하는 결과(확증편향)를 예상하고 원치 않는 것(부작용)을 무시하는 경향이 있다. 의도된 행동이 다음에 일어날 일의 유일하거나 주요한 결정요인이라고 낙관적으로 가정하기도 한다(제4장에서 더 자세히 다룬다). 일상의 경험을 통해 미래가 선형적이거나 예측가능하지 않다는 것을 알고 있음에도 불구하고 그렇게 한다. 만약 계획이 너무 멀리 내다본다면, 고려해야 할 여러 가지 대안적 전개가 마음이 감당할 수 있는 것을 쉽게 초과한다는 것은 비밀도 아니다. 예를 들어, 시스템이 특정 운영 환경에서 특정 용도에 대해 허용 가능한 수준으로 안전하다고 주장하는 방법으로 안전사례에 활용하는 경우처럼, 아마도 이것이 희망적인

제3장 - 단편적 관점의 심리적 이유(Psychological reasons for the fragmented view)

생각을 넘겨받는 이유일 것이다. 어떤 일이 왜 일어났는지 반대로 생각하거나 추론할 때도 마찬가지다. 이미 아리스토텔레스는 "그것에 대한 이유, 즉 그 원인을 파악할 때까지 우리는 그것에 대한 지식이 없다고 생각한다" 고 주장했다(Physics, 194b 17-20). 여기서 원인과 결과에 대한 가정은 더욱 강력해진다. 어떤 일이 일어났을 때, 그 전에 무슨 일이 틀림없이 있었고, 따라서 그것이 원인이었다.

사람들은 두 경우의 상황은 연대표(Timeline)를 활용하여 시간을 비교하며 설명된다는 사실로 인해 잘못된 방향으로 이끌리게 된다. 시간은 일차원적이므로 연대표에서 두 상황이 나란히 위치하는 것은 믿기 어렵다. 앞 상황이 원인이고 다음 상황이 결과인 것처럼 보인다. 이 진법적 사고와 결합하여 논리적으로 이것이 진정한 원인에 대한 아이디어로 이어졌고, 아리스토텔레스는 효율적인 원인이라고 불렀다. 시간이 흘러 하인리히의 도미노 모델이 설명하는 인과사슬에 대한 개념에서 복원된 것을 볼 수 있다. 톨스토이는 인간 마음의 한계에 대해 말했으며, 슈하르트도 다음과 같이 동의하였다.

인간의 마음은 원인을 완전히 파악할 수 없지만, 그 원인을 찾으려는 욕망은 인간의 영혼에 심어져있다. 그리고 그 중 개별적으로 원인으로 보일 수 있는 어느 하나가 조건의 다양성과 복합성은 고려하지 않고, 자신이 이해할 수 있을 것 같은 하나의 원인에 대해 첫 번째 추정치를 잡아채며 말한다. "이게 원인이다!"

(Tolstoy, 1993; org. 1869, p.777)

인간으로서, 우리는 모든 것에 대한 원인을 원하지만, 우리가 원인이라고 부르는 것보다 더 어려운 것은 없다. 모든 원인에는 그 원인이 있으며 그렇게 끝도 없다(ad infinitum). 우리는 결코 무한대에 도달하지 못한다.

(Shewhart, 1931, p.131)

3-3 융합(시너시스) – 너비우선
(Synesis – BBD: Breadth-Before-Depth)

역사적 기반의 단편화 및 심리적 기반의 단편화는 모두 문제해결과 관리에 대하여 깊이우선(DBB: Depth-Before-Breadth) 접근방식을 선호한다. 역사적 기반의 단편화는 내부 및 외부 조건을 특징짓는 종속성에 대한 광범위한 이해보다는, 단일 주제에 초점을 맞추고 개별적으로 추구한다. 심리적 기반의 단편화는 한 번에 고려할 수 있는 요소(측면, 기준, 대안 등)의 수를 제한하고 선형적 인과관계 유형의 추론을 선호한다. 두 경우 모두에서 한 가지 결과는 그들이 포착하고 대처할 수 있는 것과 실제로 일어나는 것 사이에는 상당한 불일치가 있다는 점에서 너무 단순한 모델과 방법이다. 이것은 설계된 일(WAI)과 실행된 일(WAD) 사이에 존재하는 동일한 종류의 불일치다. 그들의 심리적 편리함과 매력에도 불구하고, 단순한 모델과 방법은 부분적으로 다루기 힘든 조직의 관리를 위해 적절한 지원을 제공하지 못한다.

오로지 합리적인 해결책은 더 나은 모델 및 방법을 개발하는 것, 즉, "실제"세계와 더 잘 부합하거나 일치하는 방법을 개발하거나 구축하는 것이다. 또한 이것은 시스템의 다양한 결과는 해당시스템 규제자의 다양성을 증가시킴으로써만 줄일 수 있다는 필수다양성의 법칙(Law of requisite variety)과 일치한다. 필수다양성의 법칙은 제4장에서 자세히 설명한다.

깊이우선(DBB)방식은 대안을 고려하기 전에 선택한 추론이나 분석을 끝까지 추구하는 방식으로 문제를 해결한다. 이 전략은 검색범위를 좁히기 때문에 정신적 노력측면에서 사용하기가 더 용이할 뿐만 아니라 단편화도 강화된다. 이것의 대안은 너비우선(BBD)접근 방식으로, 여러 대안들이 동시에 고려된다. BBD는 상세한 분석을 시작하기 전에 한걸음 물러서서 다른 각도에서 살펴보기 위해 문제를 전체적으로 고려하는 능력이 필요하다. 또한 이 전략은 해결책을 찾을 가능성을 높이고 잘못된 방향의 진행에 따른 노력이 낭비될 가능성을 줄인다. 효율성보다 완전성을 선호하며 장기적으로도 항상 유리하다. 특히 조직관리에 대한 현재의 접근방식을 지배하는 단편화를 극복하는데 도움이 된다.

시너시스(Synesis)의 원리도, 서로 다른 쟁점을 분리하지 않고 통합하는 원리는 BBD접근방식과 일치한다. 시너시스는 단순한 해결책을 찾는 것은 중단하고 어떤 문제든 마술처럼 해결할 수 있는 한 가지 묘책이 있다는 희망은 버릴 필요가 있음을 분명히 한다. 그러나 시너시스는 그 자체로 해결책은 아니다. 만약 그렇다면, 시너시스를 촉진하려는 원칙에 위배되며, 오히려 다루기 힘든 조직관리에 대한 해결책을 개발할 수 있는 방법을 나타낸다. 시너시스는 생산성과 효율성을 향상시키는 방법에 관한 것이며, 낭비를 줄이기만 하는 방법에 관한 것은 아니다. 품질을 개선하는 방법에 관한 것이며, 결함과 결점만을 줄이는 방법에 관한 것은 아니다. 안전을 개선하는 방법에 관한 것이며, 사고나 부정적 결과를 줄이기만 하는 방법에 관한 것은 아니다. 또한 신뢰성(가용성)을 개선하는 방법에 관한 것이며, 취약성을 줄이거나 선형적 중복성을 높이는 방법에 관한 것은 아니다. 전체적으로 시너시스는 어떻게 개선하는가에 관한 것이며, 어떻게 증가시키는가에 관한 것은 아니다. 증가시키는 것은 어떤 것을 보는 것 그 자체를 의미하지만, 개선한다는 것은 (바라건대) 쟁점과 관심사가 통합되고 전체적으로 함께 바라본다는 것을 의미한다. 통합을 이루기 위한 노력은 새로운 해석에 접근하는 해석학적 과정이며, 따라서 통합의 과정이 어떤 의미에서는 결과보다 더 중요할 수 있다.

제4장 - 변화관리의 기초
(Fundamentals of change management)

변화하고 멸망하며 변형되는 것이 만물의 속성이므로, 연속해서 다른 일들이 일어날 수 있다.

(Marcus Aurelius, Meditations, Book XII:21)

4-1 소개(Introduction)

무언가를 개선하거나 어떤 일이 일어나지 않도록 하는 목표나 목적을 달성하려면, 시스템의 상태는 현재가 무엇이든 미래에 되어야 할 상태로 되도록 변해야 한다. 이를 위해서는 변화가 발생하는 방식을 관리할 수 있는 능력이 필요하며, 이는 본질적으로 이를 제어할 수 있는 능력을 의미한다. 이것은 동사 "관리하다(manage)"의 사전적 정의가 매우 명백한데, 여기에는 "담당하다(be in charge of)," "운영하다(run)," "향하다(head)," "지휘하다(direct)," "제어하다(control)," "이끌다(lead)," "지배하다(govern)," "다스리다(rule)," 등이 포함된다. 무언가를 관리하는 본질은 의도하고, 예상한대로 또는 계획한대로 확실하게 개발하는 능력이다.

위에 언급한 여러 정의 중에서, 관리한다는 것이 무엇을 의미하는지에 대한 가장 좋은 특징은 아마도 "키를 잡다"라는 것이다. 이것은 선박의 방향과 속도를 제어할 수 있는 해상표현이다. 이것이 가능하기 위해서는 세 가지 조건을 충족해야 한다. 우선 목적지 또는 목표위치가 어디인지 알아야 할 필요가 있다. 그렇지 않으면 목표를 향해 코스를 설정하는 것이 불가능하며 목표위치에 언제 도달하는지도 알 수가 없다. 둘째, 현재의 위치를 알고 시간이 지남에 따라 어떻게 변하는지 추적해야 한다. 현재의 위치를 알지 못하면 계속되는 항해를 계획하고 준비하는 것이 불가능한 것처럼, 목표까지의 거리가 줄어들고 있는지 알 수도 없다. 마지막으로, 실제로 선박을 제어하는 방법과 올바른 방향으로 이동하고 변화되어야 할 속도나 변화율을 확인하는 방법을 알아야 한다.

4-2 항해 비유(The voyage metaphor)

선박, 자동차, 비행기 등 물리적 이동을 실제 제어에 적용한다면 그림

제4장 - 변화관리의 기초(Fundamentals of change management)

4.1과 같이 분명히 세 가지 조건이 필요하다. 예를 들어, 작은 범선이나 요트의 키 손잡이를 생각해보자. (한 번도 시도한 적 없는 독자는 휴가 때 낯선 외국에서 차를 운전하는 것과 같다) 이 시점에서 경유지나 특정 위치로의 도착지점을 아는 것이 중요하다. 원하는 곳에 제시간에 도착할 수 있도록 현재의 위치가 어디인지, 여행이 계획대로 진행되고 있는지 아는 것도 마찬가지로 중요하다. 오늘날은 GPS를 자주 사용하지만 얼마 전까지만 해도 운행은 실제 해상차트나 운전의 경우는 로드맵에 의존했다. 마지막으로, 요트 키나 자동차 핸들을 조정하는 경우, 요트는 코스와 속도에 대한 규제 정도가 제한될 수 있고 자동차의 경우는 더 쉽고 직접적이지만, 선박이나 차량을 제어하는 방법, 목적지 또는 방향을 변경하는 방법, 속도를 변경하는 방법 등을 아는 것이 중요하다.

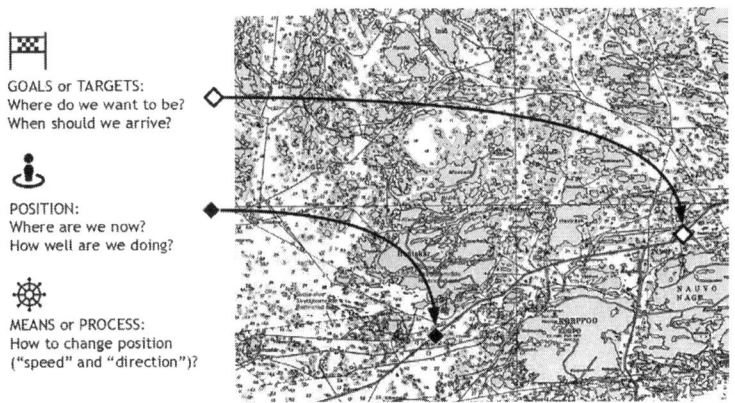

그림4.1 항해 비유

위치인지의 중요성(The importance of knowing the position)

자신의 위치를 정확히 인지한다는 것에 대한 중요성은 두 건의 해군사고로 설명할 수 있다. 1707년 10월 22일, 영국 해군함대가 실리제도의 악천후로 4척의 군함을 잃었다. 난파된 선박에서 1,400~2,000명의 선원이 목숨을 잃었다. 이 참사의 주된 원인은 항해사가 경도를 정확하게 결정할 수 없었기 때문에 추측항법(Dead reckoning)에 의존해야 했다. 이 참사는 1714년 경도법(Longitude Act)의 원인 중 하나로 경도위원회가 설립되고 해상에서 경도를 정확하게 결정하는 방법을 찾는 사람들에게 큰 재정적 보상을 제공했다.

실리 해군참사는 GPS를 상상할 수 있기 훨씬 전에 발생했다. 그러나 GPS가 선박의 표준 장비가 된 후에도 유람선 로얄 마제스티의 좌초는 자신의 위치를 인식하는 것이 얼마나 중요한지를 보여주었다. 1995년 6월 9일 로얄 마제스티는 버뮤다에서 보스톤으로 항해했다. 출발 직후 GPS 안테나의 케이블이 끊어져 GPS 수신기가 더 이상 위성시그널을 수신하지 못했다. 약 34시간 후 서쪽으로 17마일 떨어진 낸터켓(Nantucket) 모래톱에 좌초될 때까지 GPS 수신기 자동조종장치는 GPS "데이터"를 추적하는 추측항법모드로 자동 전환되었다. 좌초로 인해 부상당한 사람은 없었지만 손실비용은 상당했다.

시그널 손실이 발생했을 때 명확한 알람이 없었기 때문에 승무원이 알아차리지 못했다. 그러나 승무원은 규정에 따라 요구되는 것임에도 불구하고 LORAN-C항법, 천체, 레이더나 나침반 방위와 같은 다른 독

제4장 - 변화관리의 기초(Fundamentals of change management)

립된 정보와 항법 데이터를 교차확인하지 않았다. 두 번째 선원은 실제 이 궤도위치에 대한 확신이 있었기에 제시된 몇 가지 다른 단서를 무시했다. 이것은 제3장에서 논의된 확증편향의 또 다른 예로 볼 수 있다. 다른 많은 경우와 마찬가지로 변화시키는 것보다 더 쉽고 편리하기 때문에 사람들은 자신의 신념을 유지하는 설명을 만들어낸다. 그러나 추측항법으로 실제 위치를 파악하는 것을 대체할 수는 없다.

물론 이동이 물리적이든 상징적이든 관계없이 모든 경우에서 자신의 위치를 아는 것은 중요하다. 어디에 있는지 담당하는 사람들이 정확히 알지 못한다면 기업은 배의 경우와 같이 쉽게 실패할 것이다. 위치에 대한 평가가 잘못되면 회사, 비즈니스 또는 국가의 관리조차 실패할 수 있다. 2016년 6월 23일 브렉시트 국민투표가 열렸을 때 캐머런(David Cameron) 총리가 영국 유권자들의 "입장(Position)"을 정확하게 평가하지 못한 것이 최근의 가장 극적인 실례이다. 이보다 덜 극적인 예는 찾기 쉽다. 한 가지 예는, 미국 시장조사회사인 포레스터(Forrester)는 2019년 8월 다음과 같은 제목의 보고서를 작성했다. "고객이 알고 있다고 생각하는 것과 고객이 진정으로 원하는 것의 격차를 브랜드들이 연결해야 하는 이유"

로드맵(On roadmaps)

항해 비유는 조직의 변화를 설명하고 목적지로 가기 위한 "로드맵"을 개발할 방법을 설명하는데 자주 사용된다. "운전석의 CEO"도 흔한 표현이므로 로드맵 비유는 매력적으로 들리지만, 육로보다 바다를 통한 항해가 실제 더 좋은 예이다. 로드맵은 표현대로 지역이나 국가의 도로와 지형을 보여준다. 운전할 수 있는 곳을 보여주고 현재 위치에서 목적지까지 가야 하는 길을 결정하는데 사용할 수 있다. 변화관리의 맥락에서, 이 용어는 목표를 정의하는 전략적 계획과 이를 달성하는데 필요한 주요 단계 또는 이정표를 설명하는 데 사용된다. 육로여행에 비교하면, 여행이 지속되는 한 도로가 거기에 존재한다고 가정하는 것이 합리적이다. 물론 가는 길에 도로 공사나 기타 장해물이 있을 수 있지만, 이 경우도 로드맵을 이용하여 원래 계획보다 오래 걸리더라도 여행이 성공적으로 완료되도록 우회로를 찾을 수 있다.

그러나 변화관리는 육로보다 바다로 여행하는 것이 더 어울린다. 항해의 경우 경로, 위치표시 또는 부표는 있을 수 있지만 육로처럼 물리적 차선이나 도로는 없다. 일반적으로 육지는 홍수, 눈보라, 지진 등을 제외하고 안정적으로 유지되지만, 바다는 결코 안정적이지 않다. 강한 바람이나 폭풍, 해류, 파도(심지어 변종파도), 숨겨진 암초 또는 모래톱 등이 있을 수 있다. 엔진이 아닌 바람에 의해 선박이 가동되는 경우, 바람이 앞에서 불어오거나 소강상태가 될 때는 계획된 경로를 포기해야 함을 의미한다. 육지의 경우 적어도 여행을 완료하는데 걸리는 시간 동안 지형은 알려져 있고 영구적이다. 그러나 해상의 경우 그러한 영속성이나 안정성은 존재하지 않는다. 따라서 조직에 대한 여정은, 그것이 변화관리이든, 안전문화나 학습조직의 여정이든, 조직의 우수성에 관

제4장 - 변화관리의 기초(Fundamentals of change management) **101**

한 여정이든, 육로가 아닌 바다를 통한 항해가 더 적절하고, 우리를 도와줄 지도도 없으며 더구나 스스로 경로를 설정해야 한다는 것이다. 목표와 위치 및 변화를 만드는 방법을 아는 세 가지 조건은 우리의 육체적 여정만큼이나 쉽게 충족되지 않는다.

항해와 같은 변화관리(Change management as a voyage)

변화가 생산 단위처럼 실제로 어떤 방식으로든 측정할 수 있는 것을 나타낼 때는 목표 대상뿐 아니라 현재 위치나 상태까지 생각하고 거론하는 것이 당연하다. 물질이나 에너지 형태로 구체적인 것을 생산하려면 일반적인 프로세스가 잘 알려져 있어서 변화방법을 결정할 수 있다. 결과물이 구체적이고 측정 가능한 한, 세 가지 조건의 실행을 쉽게 연결할 수 있다.

  품질이나 개념상의 상태 또는 조건 측면에서, 결과물이 비물질적이거나 무형적인 변화의 경우 상황은 상당히 다르다. 제2장에서 소개하고 이 책 전반에 걸쳐 활용된 생산성, 품질, 안전 및 신뢰성 등 네 가지 쟁점을 이용할 수 있다. 모든 조직은, 일반적으로 생산성과 품질 또는 생산성과 안전 등 최소한 두 가지는 관심이 있으며 다른 많은 쟁점도 고려할 필요가 있다. 예를 들어, 생산성은 재정적으로 조직이 생존할 수 있도록 수익을 창출하는데 필요하다. 품질은 마찬가지로 고객을 유지하고 새로운 고객도 확보하며, 수리 및 교체비용을 제한하기 위해 필요하다. 또한 사건 및 사고는 근로자나 고객에게 해를 끼치며, 부정적 상황은 장 단기간 생산을 방해하거나 지장을 주고, 평판이 나빠져 비즈니스 손실을 초래할 수 있기 때문에 안전은 필요하다. 마지막으로, 현재 및 제품의 수명기간동안 허용가능한 수준의 성능과 기능을 보장하려면 신뢰성이 필요하다.

세 가지 조건측면에서, 우선은 목표가 무엇인지 확실히 알 필요가 있다. 이는 어떤 변화가 필요한지 결정하고 여정 중 상황을 이해하는 데 참고가 되는 점을 제공한다. 일반적인 수준에서 생산목표, 안전목표, 품질목표, 신뢰성목표 등이 있을 수 있지만, 이들 각각은 운용상 더 확고하게 명시되어야 한다. 그러나 어떤 경우는, 예를 들어 생산성 12% 증가, 연간비용 2% 감소, 무사고 등, 매우 구체적일 수 있지만 이러한 정확성은 환상일 수 있다.

두 번째 조건은 현재 위치나 상태, 또는 특정목표와 비교하여 조직이 얼마나 잘하고 있는지를 인지하는 것이다. 변화가 의도한 방향으로 진행되고 변화율이 예상대로인지 확인하려면 위치를 반복적으로 측정해야 하는데, 새뮤얼 존슨(Samuel Johnson)의 표현을 바꿔 말하면, 그러한 기대는 종종 경험에 대한 희망의 승리를 나타낸다. 안전, 신뢰성, 학습, 우수성 등과 같은 목표에 대한 위치를 결정하는 것은 유효한 측정치와 좋은 수행지표조차 찾기 힘들기 때문에 어려울 수 있다. 측정은 일반적으로 후행지표이며 때로는 상당히 지연된다. 더구나, 측정에 필요한 비용과 노력 때문에 측정 빈도가 프로세스 관리필요성을 위해 부적절할 수 있다.

제4장 - 변화관리의 기초(Fundamentals of change management)

세 번째 조건은 더 심각한 문제를 제시한다. 즉, 조직을 제어할 수 있는 방법이다. "변화의 방향"이라는 개념이 어떻게 실용적이거나 실재하는 것으로 해석될 수 있으며 어떻게 실현할 수 있는가? 또한, "변화율"이라는 개념을 어떻게 운영할 수 있으며 어떻게 실현할 수 있는가? 조직에 대해 일반적이거나 특별하고 명백한 제어수단은 없다. 안타깝게도 경영관리대시보드에는 적절한 제어수단이 포함되지 않는다. 실제로 개입과 조정은 유산(legacy)에서 얻어지거나, 일반적 산업관행을 따르거나, 현재의 트랜드를 모방한다. 좋은 조직모델 또한 심각하게 부족하다. 물론 구조, 소통채널, 역할, 규범, 상호작용 등의 측면에서 조직을 설명하는 인상적인 도표나 차트가 부족하지는 않다. 비록 그것들이 신뢰할 수 있는 설명으로 작용할 정도는 아니지만, 소시오그램과 사회적 네트워크는 실제로 일어나는 일을 묘사하는데 어느 정도 작용할 수는 있다. 슬픈 사실은 조직의 가장 현실적인 모델은 아마도 블랙박스와 같다. 즉, 입력과 출력 및 그들 간의 관계 측면에서 설명은 하지만, 아마도 내부 작동에 대한 어떠한 지식도 없는 시스템이다. 그 이유는 조직이 크루즈선, 시멘트공장 또는 대형 강입자충돌기(Large Hadron Collider)와 같은 기술시스템을 설계하고 구축한 방식으로 설계되거나 구축되지 않았기 때문이다. 많은 경우에 조직에 대한 목적이나 기본계획 또는 청사진이 있고, 더 일반적으로 실적을 모방하거나 시뮬레이션한 기존 조직이 많지만, 실제 현실에서 조직은 완전히 이해되지 않는 방식으로 성장한다. 이에 대한 근본적인 한 가지 이유는 조건과 역할이 항상 과소하게 명시되어 기발한 조정에 의해 완료되기 때문이며, 또 다른 중요한 이유는 조직생활이 파킨슨 법칙(Parkinson's Law)에 의해 지배된다는 것이다.

    그러나 생산성, 품질, 안전 등의 조직적 변화를 관리하고, 즉, 프로세스를 제어하고, 실제로 무슨 일이 일어나는지 충분히 이해해야 한다. 조직이 어떻게 작동하고 기능하는지에 대해 추상적인 의미가 아닌, 구체적으로 알아야 한다. 더 자세한 내용은 제5장에서 설명한다.

4-3 정상관리와 변화관리
(Steady-state management versus change management)

대부분의 조직은 단순히 안정성이 완벽한 예측가능성을 위한 전제조건이기 때문에 일반적으로 격변의 기간보다 안정된 기간에 더 잘 작동한다. 경제적, 정치적, 공급과 수요, 기술진보 등 환경이 안정적이라면, 조직이 지속적으로 기능하고 가능한 한 효과적으로 목표나 수행기준을 충족하도록 하는 것으로, 많은 경우 관리의 역할은 줄어들 수 있다. 이를 정상관리라고 한다. (시스템 또는 프로세스의 거동을 특성화하고 정의하는데 이용되는 변수가 시간이 지나면서 변하지 않는 경우, 시스템 또는 프로세스는 정상상태에 있다고 한다. 따라서 현재의 시스템 거동은 향후에도 계속될 것으로 예상된다.) 정상관리는 현재의 목표를 유지하기 위해 우리가 하는 일을 계속하는 것이다. 이것은 새로운 목표를 달성하려는 시도, 무언가 다르게 시도하거나 다른 방법을 사용하는 것

제4장 - 변화관리의 기초(Fundamentals of change management)

과는 완전히 다르다.

목표가 변경되지 않더라도 내외부의 변동성은 항상 존재하므로 예측가능성이 감소하기 때문에 조직의 수행력을 관리할 필요가 있다. 그러나 품질관리가 우연요인(Chance causes)보다 이상요인(Assignable causes)에 집중하는 방식처럼, 정상관리는 허용할 수 없을 정도로 큰 것으로 보이는 동요나 변동성에 대해서만 보상하는 것에 초점을 맞춘다(제2장 참조). 이것은 100년 전쯤 안정된 조건에서 생산하거나 서비스를 제공했을 때는 가능했다. 그러나 오늘날 관리의 목적은 안정적인 생산을 보장하거나 안정적인 조건에서 일정한 성능과 품질을 유지하는데만 제한되지는 않는다. 불안정하며 부분적으로 예측할 수 없는 조건에서도 안정적인 생산과 성능을 확실시하고, 따라서 조직이 현재와 미래의 도전과제인 기회 및 위협을 충족하는 것이 그 목적이다. 관리팀은 경쟁사, 신기술, 규정, 서비스 및 고객요구로 인해 의도적으로 또는 의도하지 않게 발생하는 불안정한 조건과 불확실성에 대처하기 위해 끊임없는 변화에 직면할 준비가 되어야 한다.

다른 방식이거나 무언가를 다르게 하기보다 현재 상황(Status quo)을 유지하는 것이 목표라고 하더라도 변화 관리는 여전히 필요하다. 어떠한 조직이나 조직 환경도 완전히 정적이고 변하지 않는 것은 없기 때문이다. 어떤 것이 진정 변하지 않는다면 당연히 그것을 관리할 필요 없이 그대로 두면 충분하다. 이것은 상대적으로 짧은 시간이나 기간 동안만 고려한다면 물리적 개체나 인공물의 경우는 타당하다. 예를 들어, 식탁은 다음날 바뀌지 않기 때문에 관리할 필요가 없고 아마도 1년이 지나도 변하지 않을 것이다. 그러나 오랜 시간이 지나면 변화하고 점차 낡을 것이지만, 그럼에도 불구하고 기대되는 수명보다 오래 걸리므로 그다지 문제가 되지 않는다. 따라서 우리는 모든 의도와 목적을 위해서 안정적으로 생각할 수 있다. 대조적으로, 식탁 위 꽃병의 꽃은 물을 주지 않으면 시들어 죽기 때문에 관리할 필요가 있다. 그래도 꽃은 결국 시들 것이고, 우리는 제한된 기간 동안만 꽃을 유지할 수 있는 것이다.

식탁과 꽃 대신 조직이나 그 기능을 수행하는 기계나 기술을 살펴보면, 어떤 작업을 수행하지 않더라도 명확하게 변화한다는 것을 알 수 있다. 기계, 공급품, 비축품 등의 재료는 방치하면 노후화되므로 유지 또는 보충이 필요하다. 조직과 그 소속원들은 학습하고 또 잊어버리는 불안정한, 본질적으로는 사회시스템이기 때문에 늘 변화한다. 이것이 바로 안전과 품질캠페인을 수시로 반복해야 하는 이유이다. 주변 환경에는 의도적으로 변화하는 시스템과 조직이 포함되며 때로는 경쟁적이고 적대적이며 때로는 지원적이므로 주변 환경의 영향으로도 늘 변화한다. 물론 주변 환경은, 아래에 논의되는 열역학적 또는 인위적 엔트로피와 같은 이유로 변화할 수도 있다. 따라서 (1) 의도하지 않은 변화나 변동성을 제거 또는 대응하기 위해(비교: 고전적 품질관리는 안정적이거나 변함없는 상태유지), (2) 새로운 목표나 의도가 충족되도록 조직의 수행방식을 변경하기 위해, (3) 기회 및 위협 등의 불확실한 미래에 대처하기 위해서, 변화관리는 항상 필요하다.

열역학적 엔트로피(Thermodynamic entropy)

시스템을 제어하는 목적은 엔트로피를 줄이려는 시도로 볼 수 있으며 이는 빈약한 예측가능성과 무질서를 줄일 수 있다. 일반적으로 엔트로피는, 시스템의 무질서 또는 불확실성의 정도를 나타내는 표현이다. 고전 물리학에서 엔트로피는 기계적 일로 변환하기 위한 시스템의 열적 에너지의 가용성을 나타내는 열역학적 양(Quantity)으로 정의된다. 시스템의 무질서 또는 무작위성의 정도인 엔트로피는 부족한 기술적 해석이다. 시스템이 무질서할수록 유용한 활동에 사용할 수 있는 자원은 분명히 적어진다. 열역학 두 번째 법칙은 외부영향을 받지 않는 시스템, 소위 폐쇄 또는 독립된 시스템의 엔트로피는 결코 감소하지 않는다는 것이다. 기타 유형의 물리적, 사회적, 기술적 또는 생물학적인 모든 시스템은 안정성과 일관성을 감소시키는 다양한 종류의 내부 및 외부의 힘과 끊임없이 싸워야 한다. 린생산(Lean production)에서처럼 낭비(Waste)는 엔트로피로 볼 수 있다. 품질 부족은 통계적 품질관리나 개선(Kaizen) 도구와 같이 엔트로피로 볼 수 있다. 사고는 Safety-I 에서처럼 엔트로피로 볼 수 있다. 즉, 세상은 점점 더 무질서해지고 있다.

시스템 이론에서 주변과 분리되는 경계를 넘어 입력과 출력의 교환이 없다면 폐쇄된 것으로 정의된다. 폐쇄시스템이 그 자체로 남겨진다면, 무질서나 불확실성의 정도는 불가피하게 점차 증가하고 결코 감소하지 않을 것이다. 우리가 관리하는 조직, 비즈니스 및 그에 의존하는 서비스 등의 시스템은 경계를 넘어 입력과 출력을 교환하기 때문에 폐쇄적이라기보다 개방되어 있다. 우리는 이러한 교환을 통하여 시스템을 관리하고, 증가하는 엔트로피를 일시적으로 막는다. 시스템은 특정 목적을 염두에 두고 구축되거나 설립되며, 데이터, 지표, 지시, 용법 등의 입력을 제공함으로써 시스템을 관리하기 위해 적극적으로 최선을 다하고, 의도한 대로 시스템이 수행되는지 확인하기 위해 출력을 평가하고 측정한다. 따라서 실제로는 하나가 아니라 두 개의 시스템이다. 제어 또는 관리되고 있는 시스템(대상시스템)과 이를 제어하거나 관리하는 시스템(컨트롤러)이 그것이다. 우리가 시스템$_1$으로 말하는 대상시스템은 컨트롤러가 입력을 제공하고 출력이 나오므로, 정의에 따라 개방형 시스템이다. 대상시스템과 컨트롤러는 함께 스스로의 자격으로 하나의 시스템을 구성하는 것으로 볼 수 있는 시스템$_2$로 부를 수 있다. 이것은 분명히 시스템$_2$가 폐쇄적인지에 대한 의문이 일어난다. 시스템$_2$가 개방되고 제어되어 해당 컨트롤러가 함께 다른 시스템을 구성하면, 이를 시스템$_3$로 부를 수 있다. 이러한 방식의 네스팅 시스템(Nesting systems)은 오래도록 지속 가능하지만 영원하지는 않다. 이론이 아니라면 실제로 고려중인 시스템이 시스템n지점에 도달하면, 제어할 수 있는 것이 전혀 없다는 의미에서 폐쇄되거나 격리될 것이다. 즉, 제어되는 일련의 시스템을 만들고 유지할 수는 있지만 무한정(Ad infinitum) 그렇게 하는 것은 불가능하다(그림4.2 참조).

제4장 - 변화관리의 기초(Fundamentals of change management)

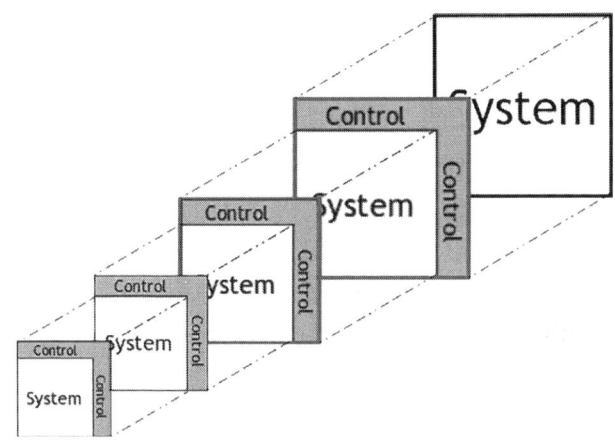

그림4.2 네스팅 시스템과 컨트롤러

세계 경제, 환경(지구 온난화), 지구 인구, 오염 등 그 예는 쉽게 찾아 볼 수 있다. n의 크기와 상관없이, 시스템n 은 폐쇄되어 열역학 두 번째 법칙이 적용된다. 시스템n 은 시스템n-1과 컨트롤러로 구성되므로, 엔트로피는 시스템n-1(대상시스템)뿐만 아니라 해당 컨트롤러에도 영향을 미치고 전반적인 수행 저하에 기여한다. 엔트로피를 줄이기 위해 국소적(Locally)으로 분투하고, 제어하기 위해 노력하며, 조직이 의도한 대로 수행하고 가능한 한 원하는 결과가 얻어지도록 노력하는 것이 융합(Synesis)의 핵심이다.

우리는 실제로 어떤 방식으로든 도입한 대부분의 시스템을 관리할 수 있으므로 엔트로피를 합리적으로 제어할 수 있다. 그러나 엔트로피, 무질서 또는 예측가능성의 결핍은, 항상 돌이킬 수 없게 증가할 것이며, 제어를 위한 요구도 증가할 것이다.

인위적 엔트로피(Anthropogenic entropy)

엔트로피의 고전적 해석은 정보이론, 컴퓨팅, 우주론 및 경제학과 같은 많은 분야에서 이용된다. 그러나 사회-기술시스템에는 인위적 엔트로피라고 할 수 있는 다른, 특히 더 중요한 엔트로피 형태가 있다. 이는 세상에 대한 단편적인 이해로 인하여 질서를 회복하기 위해 취해진 부적절한 조치, 부정확한 중재로 인해 증가하는 무질서와 감소하는 예측 가능성을 의미한다. 사회-기술시스템의 경우 주변 환경, 외부의 힘 자체가 사회-기술시스템이다. 이는 결코 안정적이거나 일정하지 않고 항상 좋은 쪽으로든 나쁜 쪽으로든 전개하고 변화한다. 단편화에 대한 심리적 이유로 인하여 인위적 엔트로피가 많이 존재한다. 우리는 전체 상황을 완전히 이해할 수 없으므로, 그리고 우리가 얼마나 멀리 예측할 수 있는지, 또한 어떻게 철저히 대안을 고려할 수 있는지에 대한 한계로 인하여, 엔트로피의 근원이 되는 대안은 항상 근사치이므로 지속적인 조정과 수정이 필요하다. 이러한 예는 국내외 정치, 국내외 무역과 거래 및 대인관계 등에서 너무 쉽게 찾아볼 수 있다.

이와 같이 인위적 엔트로피는 인간으로서 질서를 확립하려 하지만 그렇게 하는데 실패해서 일어난다. 놀랄 일이 너무 많지 않도록 하는 것이 생존을 위한 조건이며, 이를 보장하는 방법은 일종의 질서나

제4장 - 변화관리의 기초(Fundamentals of change management)

안정을 추구하거나 만드는 것이다. 우리는 초기에 수렵 채집인이며 유목민이었고, 고려할 필요가 있는 유일한 무생물체는 우리가 사냥한 동물과 우리를 사냥했던 동물이었으며, 세상은 상대적으로 안정적이었기 때문에 예측 가능했다. 사회와 문명이 발달하기 시작하면서 다른 인간들도 생각해야 할 필요가 있었기 때문에 상황이 악화되었다. 이것은 축의 시대(Axial age), 청동기 시대 또는 그 이전에 있을 수도 있었던 일이다. 축산업과 분업을 포함하여 사람들이 전문적 능력을 습득하고 연합을 형성하거나 자신의 능력 외에 다른 사람들의 능력을 활용하기 위한 거래로 발전했다. 인간은 자신을 제어하려는 사람들을 부분적으로 간파하고 의심하는 특성을 갖고 있으며 그 특성으로 자신을 제어하는데 이용한다. 심리적 단편화의 영향으로, 다른 사람을 제어하려는 시도와 다른 사람을 간파하는 것이 불완전하여 엔트로피가 증가한다. 초기에는 인위적 엔트로피 수준이 낮고 천천히 증가했다. 그러나 문명이 진행됨에 따라 여러 일탈이 강화되는, 포지티브 피드백루프(Maruyama, 1963)로 알려진 상호인과적 프로세스(그림4.3)로 인해 엔트로피가 급격히 증가했다. (포지티브 피드백루프의 기본 표기법은 경로분석과 방향그래프에 뿌리를 두고 있지만, 제2차 사이버네틱스로 명명한 마루야마의 설명으로 훨씬 풍부해졌다). 동일한 유형의 생각은 시스템 다이나믹스(Forrester, 1971) 및 인과순환지도(Causal loop diagrams)와 같은 분야에서 발견되었으며, 보다 광범위한 논의는 홀라겔(Hollnagel, 2012)에 의해 제공되었다. 인과순환지도를 이용하면 프로세스가 서로 영향을 미치는 두 가지 방식을 보여준다. 첫 번째는 일탈억제(Deviation-counteracting)로 불리우는 고전적인 네거티브 피드백루프에 해당되고, 두 번째는 포지티브 피드백루프에 해당되는 일탈강화(Deviation-amplifying) 방식이 있다. 대표적인 예로써, 가까운 장래에 은행이 기능을 멈출 수 있다고 믿는 많은 사람들이 은행에서 돈을 인출하는 예금인출사태이다. 많은 사람들이 현금을 인출할수록 채무불이행의 가능성이 증가하고, 그로 인해 더 많은 인출을 촉발하여 채무불이행의 가능성은 더 높아진다.

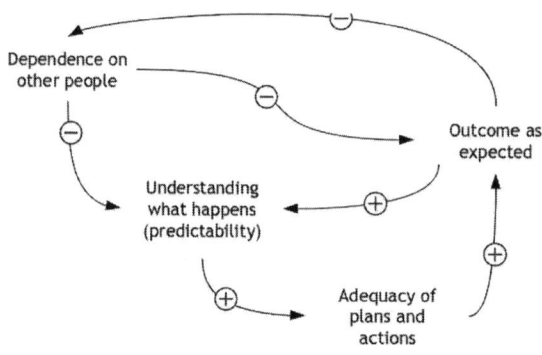

그림4.3 인위적 엔트로피의 인과관계도

그림4.3에서 화살표는 두 상태 또는 조건 사이에 관계가 있음을 나타내고 "+" 및 "-" 기호는 관계의 특성을 나타낸다. A와 B 사이의 "+" 기호는 두 상태가 정비례함을 의미한다. A가 증가하면 B도 증가하고 A가 감소하면 B도 감소한다. 마찬가지로 A와 B 사이의 "-" 기호는 두 상태가 반비례함을 의미한다. 따라서 일어나는 일에 대한 이해도가 향상

됨에 따라, 계획 및 행동의 적절성이 향상되고, 예상치 못한 결과의 가능성은 감소한다. 예상치 못한 결과의 수가 증가하면, 인위적인 엔트로피가 증가하고 발생하는 일에 대한 이해도가 감소한다. 엔트로피와 인위적 엔트로피는 항상 증가할 것이기 때문에, 이런 종류의 인과순환도는 세상을 제어하고 장기적으로 예측 가능하게 만들려는 우리의 시도는 실패한다는 것을 보여준다.

예상치 못한 결과의 법칙(Law of unanticipated consequences)

인위적 엔트로피의 가장 눈에 띄는 현상 중 하나는 의도하지 않았거나 기대하지 않은 결과의 발생이며, 더 일반적으로는 예상치 못한 결과의 문제로 알려져 있다. 제어된 개입, 변화 또는 수정의 결과가 기대한 대로 나오지 않는 경우, 이는 향후의 조치를 방해하거나 적어도 충격을 주는 부정적인 방식으로 시스템 질서에 분명히 영향을 미친다.

예상치 못한 결과의 발생, 환경과 상황이 항상 우리가 의도했거나 기대했던 대로 전개되지 않는다는 사실은 의심할 여지없이 인류만큼 오래되었다. (소설 데이비드 코퍼필드에서 미코버가 말했듯이, "사고는 가장 규제가 잘 이루어진 가족으로부터 발생할 것이다... 그들은 확신을 가졌을 것이며, 철학에 사로잡혔을 것이다.") 이 현상은 사회적 행위의 예상치 못한 결과(The Unanticipated Consequences of Social Action. Merton, 1936)라는 제목의 소중한 논문출판으로 명성을 얻었다. 이 논문은 현상에 대한 타당한 분석을 제공했고, 예상치 못한 결과의 발생에 기여하는 것으로 보이는 다음과 같은 요인 또는 조건을 제시했다.

- 무지: 행동 및 결정의 가능한 결과에 대한 지식이 부족하거나 불충분하다. 특정 형태의 부적절한 지식은 시스템이 기능하는 방식, 조직의 작동방식에 대한 이해와 연관이 있다. 100년 전에도 조직모델과 실제의 조직 간에 불일치가 있었다. 이러한 불일치는 사회와 조직/시스템이 계속 발전하고 더 복잡해짐에 따라 커졌다.
- 오류: 잘못된 추론, 제한된 범위(부주의, 편견). 이러한 것은 기본적으로 제3장에서 심리적 단편화 원인의 일부로 설명했던 쟁점들이다.
- 과장된 관심의 즉각성: 기본적/즉각적인 결과에 대해 지배적이거나 우선적 관심으로, 부작용을 무시하거나 심지어 거부할 수도 있다. 선거운동 중 정치인의 약속은 좋은 예이다.
- 기본적 가치: 기본적 가치(기준) 유지의 중요성은 장기적인 결과가 무시된다는 것을 의미한다. 이 경우 근본적인 가치를 유지하기 위해 특정 조치가 필요하다.
- 자멸적 예측: 예측은 그 상황의 새로운 요소가 되며, 따라서 초기의 개발과정을 변경하는 경향이 있다.

종합해보면, 엔트로피 법칙과 예상치 못한 결과의 법칙은, 예상치 못한 결과의 수는 항상 증가한다는 것을 의미한다(그림4.3 참조). 무질서

제4장 - 변화관리의 기초(Fundamentals of change management)

하고 불확실한 세상과 그 안의 시스템들은 행동 및 변화에 예상치 못한 결과를 초래할 가능성이 더 높아진다. 이는 악순환이나 "두더지 잡기" 상태를 만들며, 효율성을 높이고 일을 바로잡거나 품질을 향상시키거나 사고로부터 신속하게 복구해야하는 압력과, 모든 것이 어떻게 작동되는지 합리적으로 정확히 이해해야 하는 완벽성을 필요로 한다. 예측이 덜 정확해짐에 따라, 예상치 못한 결과 또는 "오류"의 수가 증가하여 제어력을 회복하는 것이 더욱 시급해졌다. 예상치 못한 결과가 증가함에 따라 시스템의 관리방법에 대한 요구가 증가하고, 따라서 컨트롤러에 대한 요구도 증가한다. 이 관계는 필수다양성의 법칙으로 알려진 또 다른 원칙에 의해 설명된다.

필수다양성의 법칙(LoRV: The law of requisite variety)

시스템이 어떻게 돌아가고 기능하는지 이해해야 관리할 수 있다고 주장할 필요가 거의 없다. 관리(Management)의 목적은 질서 정연하게 목표에 더 가까이 다가가는 것이며, 이는 항해의 비유 관점을 원용하면, 우리가 어디에 있는지, 원하는 위치는 어디인지를 알고, 변화의 속도와 방향을 제어할 수 있다는 것이다. 조직의 "이동(Movement)"을 제어할 수 있는 것은 조직의 운영방식과 "내부 메커니즘"이 무엇인지 이해하는 경우에만 수행할 수 있다. 일반적으로 부분적이지만, 드물게는 완전한 무지상태로 나타나는 불충분한 지식은 필연적으로 예상치 못한 결과가 발생하여 점진적으로 제어력을 상실하게 된다.

필수다양성의 법칙(LoRV)은 1940년 ~ 1950년대 사이버네틱스에서 공식화되었으며(Ashby, 1957) "시스템의 모든 타당성 있는 규제자(기관)는 해당 시스템의 모델이어야 한다"(Conant & Ashby, 1970)라는 제목의 논문에서 명확하게 설명했다. 이 법칙은 제어 문제와 관련하여 규제자의 다양성은 제어되는 시스템의 다양성과 일치해야 한다는 원칙을 표현하며, 후자는 통상 프로세스 다양성과 소음원 또는 방해의 원인측면 등으로 설명할 수 있다. 법칙의 의미는 일어날 수 있는 상황의 수, 시스템으로부터 결과의 자유도(Degrees of freedom)는 규제자가 인식하고 대응할 수 있는 상태나 조건의 수와 일치해야 한다는 것이다. 간단히 말해서 규제자 또는 경영진이 예상하지 못했거나 준비되지 않은 일이 발생할 경우, 제어력을 상실할 수 있음을 의미한다. 예상치 못한 장해나 새롭게 전개된 사건, 비정상적 사고 또는 브렉시트(Brexit) 같이 급변하는 정치적 사건 등으로 인해 사람들이 여러 번 놀랐던 것처럼, 보기 드문 상황은 아니다. LoRV는 (시스템) 결과의 다양성은 해당 시스템의 규제자의 다양성을 증가시킴으로서만 감소한다고 제안한다. 따라서 위에서 언급한 코난트 & 애쉬비의 논문 제목에서처럼, 관리시스템인 규제자가 해당 시스템보다 다양하지 않으면, 효과적인 관리는 불가능하다.

필수다양성의 법칙을 표현하는 또 다른 방법은 손자병법(The Art of War)에 나오는 유명한 조언이다. "적을 알고 나를 알면 백전백승; 적을 모르고 나만 아는 것은 불확실하며, 적도 모르고 나도 모르면 확

제4장 - 변화관리의 기초(Fundamentals of change management)

실히 패배한다는 뜻이다" 즉, 상대가 무엇을 할 것인지 또는 무엇을 할 수 있는지 아는 것은 적절한 대응을 준비하는데 필요하다. 정치에서도 마찬가지로 비즈니스에서 경쟁자나 심지어 비즈니스 파트너가 무엇을 할 수 있는지 알아야 하듯, 상대방이 무엇을 할 수 있는지 알아야 한다.

항해의 비유로 돌아와서, 필수다양성의 법칙은 조직이 어떻게 기능하는지에 대한 이해가 놀라움이 거의 없을 정도로 철저하거나 광범위하지 않는 한 조직의 변화를 제어하거나 관리하는 것은 불가능하다는 것을 의미한다. 즉, 조직을 충분히 이해하고 관리가 정확하고 신중하여 예상치 못한 결과가 발생하지 않아야 한다. 60년 전의 인공두뇌학자들에게는 시스템이 어떻게 기능하는지에 대한 모델이나 이해가 있어야 한다는 것이 분명했을 것이다. 사이버네틱스는 동물과 기계의 제어 및 의사소통에 대한 과학적 연구로 정의되며, LoRV의 초점은 결국 다양성 또는 변동성에 있다. 그러나 오늘날의 일반적인 조직모델은 구조와 기능 사이에는 단순하거나 심지어 1:1 관계가 있다는 무언의 가정 하에 구조나 구성 측면으로 표현된다. 조직의 각 부분 또는 단위는 기계시스템의 부품(요소)과 기능 간의 관계와 유사하게 잘 정의된 기능을 갖고 있다. 공식, 비공식적 조직 간 결정적인 차이로 인해 사회-기술적시스템으로 인식되는 조직의 경우는 드물게 이해된다. 공식적인 조직이란 명확하게 규정된 규칙, 목표, 분업 및 명확하게 정의된 권력 계층에 따라 기능하는 조직을 의미한다. 비공식적 조직은 사람들이 실제로 함께 일하는 방법을 통제하는, 상호 연계적이며 종종 암묵적인 역할과 관계를 의미한다. 조직 모델은 고유한 "구조"를 식별하거나 인식하는 것이 어렵고 때로는 불가능할 수도 있다는 분명한 사실을 무시한다. 그러나 무엇이 어떻게 기능하는지에 대한 이해나 모델 없이 무언가를 제어하거나 관리하는 것은 불가능하다. 설계된 일(WAI)과 실행된 일(WAD)의 차이점을 다르게 표현하면, 설계된 조직(OAI: Organisation-as-Imagined)과 실행조직(OAE: Organisation- as-Existing) 같이 실제 조직 간 유사한 구별이 필요하다. 실제의 조직 모델은 모든 수준의 개인 및 조직 기능과 이들이 결합되거나 상호 의존하는 방식을 명확하게 구성해야 한다.

좁아지는 세상의 도전(Challenges from a shrinking world)

문명, 사회 및 조직이 존재한 대부분의 시간 동안 이를 관리하는 방법이 필요했으므로 각부분간 시간과 공간의 분리는 비례했다. 공간의 분리는 알려진 대로 세계의 지리적 위치에 의해 제공된다. 로마제국시대의 세계지도는 인도와 로마가 멀리 떨어져 있는 것으로 설명되어 있다(그림4.4). 뉴스와 정보를 포함하여 양국 사이를 여행하고 이동하는데 오랜 시간이 걸렸다.

이는 모든 사회, 행정, 조직에서 동일했다. 따라서 오랫동안 물리적 대상(사람 포함)의 이동과 정보 간에 차이가 없었다. 적어도 증기기관이 발명될 때까지 더 빠른 이동은 불가능했다. 정보 전송속도를 높이기

제4장 - 변화관리의 기초(Fundamentals of change management)

위한 초기 해결책은 비콘(Beacon) 시스템이었다. 언덕이나 높은 곳에서 불을 켜서 방어를 경고하기 위해 적군이 접근하고 있다는 시그널을 지상에 전달했다. 비콘은 특정 패턴으로 여러 개의 불을 켰을 때처럼 단순한 (이진) 시그널 또는 코드로 전 세계의 많은 곳에서 수천 년 동안 사용되었다.

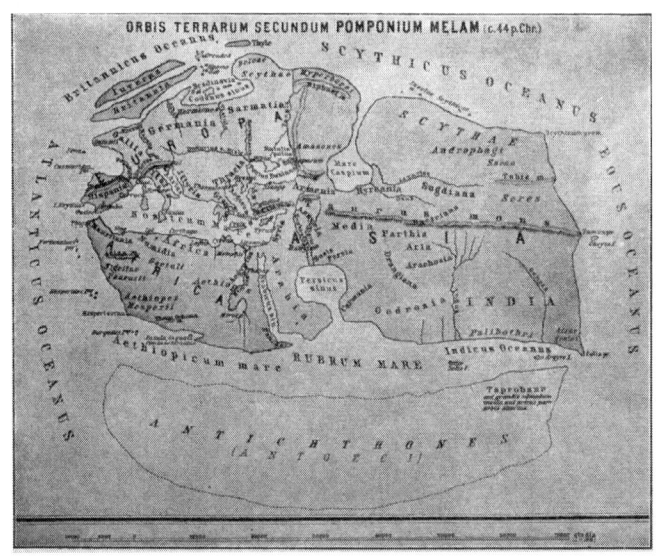

그림4.4 고대 세계

1792년 프랑스의 클로드 채프가 발명한 광학 전신은 중대한 진전이었다. 그러나 인간의 시각이 전류로 대체된 전신이 발명되어서야 비로소 전송속도가 실제로 증가하기 시작했다. 가시성으로부터 전기적 전신은 광학 전신의 의존성을 극복했으며 이제는 메시지가 24시간 내내 대양을 가로질러 장거리에 전송될 수 있으며 전송시간을 무시할 만하게 되었다.

물리적 대상의 이동과 정보의 전송이 비례하는 한, 국소적 환경을 운영하고 제어하는 것이 가능했을 뿐만 아니라 필요했었다. 제어 공학 관점에서 장거리는 피드백(정보)을 너무 지연시켜 제어가 불가능해졌다. 더 이상 그렇지 않게 되었을 때 멀리서 일어난 상황을 고려하고 인식하는 것이 가능해졌다. 따라서 인간 마음의 "자연적"한계나 능력에 부합하는 국소적 초점은 불충분하게 되었다. 인간은 다양한 단순화 전략을 통해 증가하는 부가적 문제를 고려할 필요성을 처리하려고 노력했지만, 그 결과 세상에 대한 단편적 견해는 불가피한 결과였다. 이것은 세상이 실제보다 더 단순하다는 상상으로는 해결될 수 없는, 제어에 대한 심각한 도전이다.

불완전한 지식의 결과
(Consequences of incomplete knowledge)

필수다양성의 법칙은 시스템의 제어나 관리뿐만 아니라, 위험과 기회를 평가하기 위해 시스템을 분석할 수 있는지의 여부도 관련되어 있다. 이것은 그 반대를 생각하면 명백히 알게 된다. 시스템에 대한 명확한 설명이나 명시가 없거나 시스템 "내부"에서 진행되는 작업을 알지 못

제4장 - 변화관리의 기초(Fundamentals of change management)

하는 경우, 이를 효과적으로 이해하는 것이 불가능하므로 사고를 조사하거나 위험과 기회를 평가하는 것도 분명히 불가능하다. 이러한 지식 부족은 시스템 작동방식(즉, "내부" 메커니즘이나 이해도) 또는 특정한 조치와 개입 결과에 적용될 수 있다.

원칙적으로 완전한 지식은 (소프트웨어의 모호함을 제외하고) 주로 기술시스템에 대해서는 가능하다는 희망은 있지만, 사회기술시스템의 경우 그러한 낙관적 이유는 거의 없다. 여기서 부분 또는 완전한 무지는 현실적인 시공간 연속체로 설명하는 것은 말할 것도 없고, 시스템 성능을 설명하거나 모델로 사용하는데 필요한 매개변수를 완전히 정의하거나 식별하는 것이 불가능하기 때문에 피할 수 없는 삶의 현실이다. 그 주된 이유는 매개변수가 너무 많기 때문이 아니라, 오히려 시스템이 동적이어서, 즉 지속적으로 변화하므로 다루기가 어렵다.

- 진정한 무지는 실제나 원칙적으로 시스템이 어떻게 기능하는지 또는 시스템이 어떻게 구성되었는지에 대한 완전한 정보를 얻는 것이 불가능하다는 것을 의미한다. 결과물 측면에서, 이것은 전례가 없는 상황의 범주(Westrum, 2006), 즉, 한 번도 발생하지 않았기 때문에 경험하지 못한 것이다.

- 실용적 무지는 어떤 것에 대해 많이 알 필요가 없거나, 심지어 아무것도 알 필요가 없다고 결정되었다는 의미이다. 그러나 이 결정은 항상 절대적이기보다는 상대적이다. 부가적인 노력과 시간을 들여 무언가를 찾는 것에 따른 이점이 미미하다는 판단을 반영한다. 이것은 완전

성이 효율성으로 이어지는 일종의 완전성-효율성 간 균형을 나타내는 것으로 볼 수 있다(Hollnagel, 2009). 실용적 무지가 습관화되면, 현 상태에 대한 안주와 구별할 수 없게 된다.

- 마지막으로 무분별한 무지함인데, 이는 무언가 관심 없다는 것이 절충에 의하기보다 선험적으로 결정된다는 의미이다. 이는 즉각적인 예측 결과에 대한 의사결정권자의 최우선 관심사가 동일한 행위의 다른 결과나 더 이상의 고려를 배제하는 경우를 나타내는 "관심의 과장된 직관성(Immediacy)"이라는 머튼의 개념과 일치한다(Merton, 1936).

제어력 상실 및 회복(Losing and regaining control)

제어력을 일부분 또는 완전히 상실하면, 필수다양성 법칙의 볼 때 "논리적"결론은 코난트와 애쉬비(1970)가 제안한 대로 규제자의 다양성을 증가시키는 것이다. 그러나 또 다른 해결책은, 제어할 시스템의 다양성을 제한하는 것이다. 최종 결론은 규제자의 다양성이 제어할 시스템의 다양성과 일치하거나 초과하는 것이다. 시스템의 다양성을 줄이는 해결책은 표준화 및 규정준수를 가장하여 자주 사용된다. 작업을 표준화할 수 있고 지침과 절차를 사람들이 준수하도록 만들 수 있다면, 원칙적으로는 다양한 규제자와 일치할 때까지 시스템의 다양성을 줄일 수 있다. 즉, 시스템의 변동성을 제거하거나 완화하면 제어가 더 쉬

제4장 - 변화관리의 기초(Fundamentals of change management)

워진다. 이것은 역사적으로 전쟁, 게임 및 일반적으로 경쟁상황에서 선호하는 해결책이었다. 관계당국이 회사를 규제하려고 할 때, 회사가 인력을 규제하려고 할 때, 그리고 일반적으로 모든 사람이 따르기만 하면 되는 소문난 현장이 될 때까지 관리하거나 협력해야 하는 사람들의 변동성을 제한하는, 여러 단계의 조직을 통해 이용된다. 그러나 문제점은, 예기치 않은 상황이 결코 일어나지 않을 것이라고 보장할 수 없다는 것이다(열역학 및 인위적 엔트로피에 대한 논의 참조). 그러한 상황이 발생하면, 결국 상황을 제어할 수 있도록 하는 것은 다양성 또는 임시변통으로 조정하는 능력일 것이다. 따라서 표준화는 장점보다 단점이 더 많은 경우가 많기 때문에 상당한 주의를 기울여 사용해야 하는 해결책이다.

인지 과부하나 복잡성을 줄이려는 시도가 무익하다는 것은 LoRV의 흥미로운 결과이다. 그 이유는 필연적으로 단순화된 이해력으로 인해 규제자에 대한 모델이 더 단순해지기 때문이다. 모델과 현실이 일치하도록 현실 세계의 다양성도 실제로 축소되지 않는 한 충분하지 않을 것이다. 성공하려면 어떻게든 다양한 환경과 규제할 시스템을 제한할 수 있어야 한다. 그러나 이를 위해서는 철저한 이해가 있어야 한다. 우리는 해결책이 없는 위험한 원형에 갇혀 있다. 유일한 방법은 충분한 다양성이나 풍요로움을 가진 세상의 모델을 개발하는 것이다.

4-4 변화관리 신화(Change management myths)

효과적인 관리를 위해서는 시스템을 이해해야 하고, 구조적 의미보다는 기능적 의미에서 이해해야하기 때문에, 문제는 우리가 어떻게 이해할 수 있는가이다. 어떤 것을 이해하는 고전적인 접근방식은 전체를 부분적으로 분해하는 것이다. 이것은 데모크리토스(Democritus)의 원자론과 도요타의 5whys 기법에서 찾을 수 있다. 분해의 원리는 자연계에 대한 이해의 기초이자 크고 작은 시스템을 구축하기 위한 기초로서 매우 성공적이었다. 분해는 어떤 일이 어떻게 발생하는지 설명하는데 특히 유용했으며 사회 전반에 걸쳐 대부분의 방법에서 사용되는 지배적인 원칙이다. 우리의 의식으로부터 삶의 의미, 우주, 모든 것에 이르기까지 어려운 문제를 이해하려고 노력하는 방법이기도 하다.

그러나 불행하게도 사회-기술시스템은 대부분 다루기 어렵고 분해원리를 적용하는 것만으로 이해할 수 없다. 한 가지 이유는 그것이 인과성과 선형성의 가정에 따라 작동하지 않기 때문이다. 두 번째 이유는 그것이 정적이기보다는 동적이어서 항상 변하기 때문이다. 세 번째이자 아마도 가장 중요한 이유는 그것이 수동적이기보다는 능동적이라는 것이다. 즉, 우리가 그들을 이해하려 하는 것처럼 그들도 우리를 이해하려고 한다.

아담 스미스의 고전 경제학에서, 세상은 정적이거나 너무 느리게 변하여 안정된 것으로 간주 되었다. 이는 주변 환경에 대한 의존성을 고려할 필요 없이 스스로의 변화와 개발을 고려할 수 있음을 뜻한다. 이로 인해 변화관리의 핵심인 두 가지 중요한 신화가 있다. 그러나 두 신화는 모두 잘못되었다.

제4장 - 변화관리의 기초(Fundamentals of change management)

첫 번째 신화는 "다른 모든 조건은 동일(Ceteris paribus)" 하다는 원칙이라고 할 수 있다. 다른 조건들은 동등하다는 가정은 서양식 사고방식의 기본이며, 확립된 과학적 방법과 가설의 경험적 테스트에 필수적이다. 가설에서 예측 테스트를 수행하는 것은 계획된 독립변수의 개입만이 시스템 수행에 영향을 미치는 유일한 것으로 가정한다. 그렇지 않으면 종속변수에 대한 변화 결과는 독립변수의 결과라고 결론을 내리는 것이 불가능하다. 무엇인가 계획할 때, 계획의 기반이 되는 가정(Assumption)이 변하는데 소요되는 시간동안 유효하거나 적어도 타당함을 합리적으로 확신해야 한다. 특히 결과에 영향을 미칠 수 있는 다른 일이 일어나지 않도록 해야 한다. 과학적 연구에 있어서, 이것은 물리적 시스템이든 행동 시스템이든 달성할 수 있고, 또는 적어도 엄격한 과학적 방법과 패러다임을 따름으로써 시도할 수 있다. 그러나 이러한 것도 복잡한 사회-기술시스템에 대해 수행하는 것은 사실상 불가능하다.

최소한 초기의 이해가 변화나 연구 중에 유효한 상태로 유지될 필요가 있다. 조건과 환경은 끊임없이 변화하기 때문에 수시로 초기의 이해가 잘 되었는지 확인해야 한다. 이것은 때때로 진실유지(Truth maintenance)와 관련 있다. (진실유지기법은 1980년대 인공지능 연구자들이 지식기반과 추론되는 세상의 실제 상태인 현재 지식과의 일관성을 유지하기 위해 개발하였다) 변화를 수행하거나 구현하는데 시간이 오래 걸릴수록 "다른 조건은 동일"한 원칙이 성취될 가능성은 낮다. 계획된 개입(Intervention) 중에 다른 변화가 없다는 것을 보장할 수 없다면, 가장 좋은 해결책은, 단계를 아주 작게 만들고 변경기간이 너무 짧아 조건이나 가정에 변화가 없다고 가정하는 것이 합리적이다. 불행하게도 조직의 운영방식에 대한 변경은 거의 없다. 더 나쁜 것은 변화가 시스템 내 국소적 결과만 있고 예상했던 결과 외에 다른 결과는 없다는 것이다. 이것이 대체신화(Substitution myth)로 불리는 두 번째 신화의 주제이다.

대체신화는, 인공물을 시스템에 도입하는 것은 의도하거나 (또는 전혀 의도하지 않은) 결과만 있다는 점에서 인공물은 가치중립적일 수 있다는 가정을 나타낸다. 이 신화의 기반은 헨리포드 이전부터 대량생산의 기반이었던 산업에서 사용되는 호환성의 개념이다. 따라서 동일한 부분이 여러 개인 경우 부작용 없이 한 부분을 다른 부분으로 교체할 수 있다.

실제로 이것은 볼트와 너트 같은 단순한 수준의 인공물에는 적용되지만 복잡한 인공물에는 적용되지 않는다. (사실, 단순한 인공물에도 적용되지 않을 수 있다. 마모된 부분을 새 부품으로 교체한다는 것은 새 부품 그 자체가 마모된 시스템에서 기능해야 함을 의미한다. 노화된 시스템의 새 부품은 그 시스템이 더 이상 견딜 수 없는 긴장을 유발할 수 있다.) 의사소통 절차 및 규칙을 포함하여 넓은 의미로 사용되는 복잡한 인공물은 다른 인공물이나 하위시스템 또는 사용자와 일종의 상호작용이 필요하므로 결코 가치중립적이지 않다. "새로운 도구는 설계된 작업을 변경하고, 실제 작업이 발생하는 상황과 사람들이 작업에 참여하도록 조건까지도 변경한다."(Carroll & Campbell, 1988, p.4). 즉,

그러한 인공물을 시스템에 도입하면 의도하거나 원치 않는 것 이상의 변화가 발생할 수 있다(Hollnagel, 2003).

제5장 - 단편적 변화관리
(Fragmented change management)

5-1 소개(Introduction)

변화관리의 필요성은 다수의 이유가 존재한다. 수행력 향상을 위해 변화가 필요하고, 끊임없이 증가하는 엔트로피로 인한 저하를 보상하기 위해 변화가 필요하며, 파괴적 상황으로부터 복구하기 위해 변화가 필요하고, 의도적 도전이나 위협 및 조직이 정상적으로 기능할 수 있도록 주변 환경의 불규칙성과 예측불가능성에 대처하기 위해 변화가 필요하기 때문이다. 변화관리의 핵심은 개인, 팀 및 조직을 현재 상태에서 원하는 미래 상태로 "이동"하는 방법을 찾는 것이다. 일반적으로 변화관리는 변화하는 상황에서 사람을 관리하는 방법을 포함하는 것으로 간주한다. 회사에서 직원이 변화에 참여하도록 하는 방법, 직원이 변화에 기여하도록 하는 방법, 그들이 결과를 받아들이도록 보장하는 방법

제5장 - 단편적 변화관리(Fragmented change management)   129

등이 그것이다. 따라서 변화관리에 관한 주요 문헌은 학문적이든 실제적이든 의사소통 및 동기부여와 같은 문제, 실제 변화를 생성하고 이를 "관철(Stick)"시키는 방법에 중점을 둔다. 수많은 웹사이트와 서비스가 변화관리를 주도하는데 필요한 원칙을 제공하지만, 프로세스 제어로 간주되는 변화관리에 대한 실질적인 세부사항을 제공하는 경우는 많지 않다.

시스템 융합(Synesis)의 초점은 현재에서 새로운 위치 또는 목표를 향한 조직의 "여정"으로 이해되는 변화관리에 있으므로 조직의 이동을 제어한다. 이것은 조직구성원이 변화에 참여하는 방법을 분명히 포함하며, 정규직원, 경영진 및 이사회 등과 임시직원이나 하도급업체도 포함된다. 이 책은 복잡계 시스템에서 조직을 관리하는 방법과, 특히 현재의 관행을 특성화하며 여러 면에서 그 기반을 제공하는 편재적 단편화의 결과를 피하거나 줄이는 방법을 제공한다. 일반적으로 변화관리는 생산성, 품질, 안전, 신뢰성 등을 단일문제로 염두에 두고 추구하며, 이러한 문제의 일부 또는 전부가 필수인 조직에서도 그러하다. 더욱이, 각 문제는 일반적으로 전체를 다루기보다 몇 가지 개별적인 측면이나 요인에 집중하여 관리한다.

5-2 생산성 관리(Managing productivity)

생산성 관리의 목적은 어떤 일이 발생하고 특정 유형의 결과가 증가하도록 보장하는 것이다. 품질과 신뢰성의 경우도 마찬가지이지만, 안전은 그렇지 않다. 전통적으로는 어떤 일이 일어나지 않도록 보장하는 것이 목적이다. 변화관리의 네 가지 측면 간 중요한 차이점이 있지만 개별적 문제로 분리하여 초점을 맞춘다는 점에서는 유사하다.

생산성은 생산효율성의 척도이다. 일반적으로 실제 결과물(생산)과 그것을 생산하기 위한 것(입력)의 비율로 정의되며 종종 총투입량의 단위 당 총생산량으로 측정된다. 생산성은 조직의 주요 수입원이므로 비율을 유지하거나 개선하기 위해 관리되어야 한다. 생산성 증가는 고객, 공급업체, 근로자, 주주, 대중 및 당국에 대한 의무를 이행하기위해 조직의 능력을 향상시키는 진정한 소득이므로 중요하다. 소득은 또한 허용가능한 수준의 안전과 품질을 유지하고 신뢰성을 보장하는데 필요한 자원을 제공한다. 비영리조직조차도 지속적인 존재를 유지하기 위해 자원이 필요하지만, 이들 중 일부는 외부자금에서 나올 수 있다.

많은 조직에서 생산성 관리는 일종의 제어시스템에 의존한다. 여기에는 생산성 데이터를 수집, 분석 및 보고하는 절차가 포함되어 있으며, 종종 회계부서 등에 할당된다. 생산은 (안전과는 달리) 항상 명시적으로 설계되고 계획되므로 프로세스가 알려져 있고 합리적으로 잘 설명되어 있다. 따라서 적절한 측정치와 지표를 지정하고 원하는 변화를 위해 필요하고 충분한 개입/규제조치를 제안할 수도 있다. 항해 비유의 관점으로는, 조직이 어떻게 기능하며 원하는 방향으로 나아가도록 그 기능을 어떻게 만들 수 있는지 알려져 있다. 그러나 생산성 관리도, 실제적(또는 비유적)으로 복합적인 기계부품을 미세 조정하는 것 이상

제5장 - 단편적 변화관리(Fragmented change management)   131

이며, 변화하는 상황에서 사람을 관리하는데 결정적으로 의존한다. 이러한 문제는, 일련의 중요한 장해물(예를 들어, 의사소통 실패, 잘못 정의된 직무우선순위, 기한 및 납기에 대한 기대충돌)을 찾아냄으로써, 내외부의 의사소통을 개선함으로써, 명확한 목표와 기한을 정함으로써, 시간과 자원을 효과적으로 관리함으로써, 결과물의 실행을 모니터링함으로써, 계획되지 않은 상황에 대비함으로써, 수행된다. 이러한 이유로 품질관리와 안전관리는 부분적으로 중복된다.

더 빠르게, 더 좋게, 더 저렴하게(FBC: Faster, Better, Cheaper)

생산성 관리의 특정목표는 프로젝트를 더 빠르고, 더 좋고, 더 저렴하게 완료해야한다는 원칙이다. FBC 전략은 더 적은 비용으로 더 많은 일을 하려는 클린턴 행정부의 접근방식에 따라 1990년대 중반 NASA 행정부에 의해 시스템개발 철학으로 채택되었다(Paxton, 2007). FBC 철학은 초기에는 성공적이었지만 나중에 몇 가지 놀라운 실패의 원인으로 간주되었다. 그 중 하나는 1999년 록히드마틴이 제공한 지상기반 컴퓨터 소프트웨어에서 사용하는 비SI 단위와 소프트웨어 인터페이스 사양에 따라 나사에서 제공한 두 번째 시스템에서 사용하는 SI 단위 간의 불일치로 화성기후탐사선(Mars Climate Orbiter)과 극지착륙선(Polar Lander)이 손실되었다.

생산성을 관리하는 방법으로서 FBC 원칙의 한 가지 문제는 제로섬 세계에서의 최적화이다. 더 빠르고, 더 좋고, 더 저렴하다는 것이 세 관점의 별도 기준으로 인식된다면 그 원칙은 서로 경쟁하는 것이 명백하므로 이치에 맞을 것이다. 이 문제는 선형적 프로그래밍으로 처리되었고 거기에 존재하는 제약사항 내에서 해결되었다. 그러나 해결책은 항상 무언가를 요구한다. 즉, 세 관점 모두를 동시에 최적화하는 것은 불가능하다. 더 빠르고, 더 좋고, 더 저렴하다는 기준은 서로 독립적이지 않지만, FBC가 그렇게 되도록 두지 않기 때문에 이들을 다 같이 묶어 놓는다. (복잡한 문제를 간단한 해결책이 있는 것처럼 가장하여도 문제는 단순해지지 않는다.) 공학상의 격언 중 "더 빠르고, 더 좋고, 더 저렴하다. 이 중 두 개를 선택 한다"는 n개의 기준 중 n-1을 최적화할 수는 있지만, n개 모두를 최적화하는 것은 불가능하다. FBC로 다 같이 묶는 것은 불행하게도 통합되지 않는다. 순차적이기 보다 평행하게 보이기 시작할 뿐이다. 세 관점의 결합과 상호관계는 명시적이기 보다 여전히 암시적이다.

    FBC의 다른 문제는 최적화가 전체가 아닌 부분을 나타내거나, 오히려 시스템 전체의 최적화가 각 부분을 자체적으로 최적화한 결과적 결과(Resultant outcome)로 가정한다. 그러나 전체의 최적화는 발현적 결과(Emergent outcome)가 될 가능성이 더 높기 때문에 일반적인 엔지니어링 방식으로 최적화를 달성할 수는 없다.

    일반적으로 간과되는 또 다른 문제는 변화나 개선이 시스템의 모든 부분에서 똑같이 빠르게 발생하지 않는다는 것이다. 일반적으로 동시성이기보다 비동시성이다. 여기에 활용된 네 가지 주제(생산성, 품질,

제5장 - 단편적 변화관리(Fragmented change management)

안전성, 신뢰성)만 고려해도 동일 시간척도로 개발되거나 동일한 역학 관계를 갖는다고 가정하는 것은 분명히 비현실적이다. 더 빠르며 더 좋게 또는 더 저렴하게, 또는 심지어 동시에 더 빠르고, 더 좋고, 더 저렴하게, 만드는 것은 실패하게 되어있다. 이 네 가지 주제가 독립적이지 않고 상호의존적이거나 밀접하게 결합되어 있기 때문에, FBC와 같이 단순한 접근방식은 조만간 실패한다는 것은 놀라운 일이 아니다.

5-3 품질관리(Managing quality)

완제품의 품질보장 중요성은 특히 18세기 후반 산업혁명 이후 대량생산이 확립된 이래 항상 인식되어왔다. 제2장에 설명된 바와 같이 1931년 슈하르트의 저서로 크게 향상되었다. 그는 통계적 프로세스 규제를 통해 품질관리의 방법을 보여주었으며, 이는 품질계획, 품질관리 및 품질개선 같은 특화된 전문분야의 개발로 이어졌다. 그럼에도 품질경영시스템(QMS)이라는 용어가 발명되기까지는 60년이 걸렸다(Wikipedia에 의하면 QMS는 1991년에 IT업계에서 일하는 영국의 경영컨설턴트 켄 크라우처[Ken Croucher]가 제안한 것이다). 오늘날 ISO 9001: 2015 표준에 포함되어 있으며, 조직에 필요한 것으로 "고객과 해당법률 및 규제요건을 충족하는 제품과 서비스를 지속적으로 제공할 수 있는 능력을 입증해야 하며, 이는 법규 및 규제 요건의 프로세스 개선을 포함하여 시스템의 효과적인 적용을 통해 고객 만족도를 높이는 것을 목표로 한다"(ISO, 2015)라고 설명되어 있다. 또한, 이 표준은 모든 요건이 "일반적이며 어떤 조직의 유형이나 규모 또는 제공하는 제품 및 서비스에 관계없이 모든 조직에 적용할 수 있도록 의도된 것"이라고 지적한다.

품질관리의 목적은 효율성, 효과성(비용), 지속가능성 등에 의해 부과되는 제약을 적절히 고려하여 생산라인 또는 서비스 기능에서 허용 가능한 결과를 보장하는 것이다. 제품 또는 서비스의 품질은 기업의 핵심 성공요소이며, QMS는 회사의 다양한 측면을 고객에게 수용 가능한 제품과 서비스를 제공하는 단일 목적으로 조절하는 역할을 한다. 그러나 이러한 방식의 품질은 다른 문제는 거의 고려하지 않고 별도의 조직단위에 의해 자체적으로 관리하게 된다. 품질관리는 조직의 요구사항에 따라 다양한 방식으로 이용되는 총품질경영(TQM), Six Sigma 및 Kaizen(改善)과 같은 자체방법이나 기술도 개발하였다. 유감스럽게도 제품이나 서비스의 생산과 사회-기술시스템으로서의 조직을 모두 포함하는 품질관리를 위한 단일 기술은 없다. 이것은 예상대로 "품질문화는... 품질관리자뿐 아니라 조직의 모든 사람이 품질에 책임이 있는 것"으로 정의되는 품질문화라는 것이 제안되었다(Harvey & Green, 1993). 이 정의는 조직 내 위험에 관하여 직원들이 공유하는 신념, 인식 및 가치의 집합이라는 안전문화의 일반적 정의와 크게 다르지 않다. 그리고 아마도 그만큼 효과적일 것이다.

생산관리시스템과 마찬가지로 품질관리는 품질목표 정의, 품질매뉴얼 작성, 문서규제, 조직역할 및 책임 정의, 데이터 샘플링 및 관리, 지속적인 개선 보장 등 여러 고유한 측면이 포함된다. 이는 실제로, 생산성 또는 안전에 대해 정의된 측면과 유사하지만 함께 처리되지 않고 품질부서의 소관으로써 개별적으로 처리된다.

제품 및 서비스(Products and services)

제품 품질관리와 서비스 품질관리에는 상당한 차이가 있다. 제품의 경우 각 제품이 서로 같아야 한다. 이는 제품(소비재, 장치류, 자동차 등) 뿐만 아니라 비타민과 아이스크림 같은 소모품에도 적용된다. 무언가를 사면 그것을 사용하든 소비하든 매번 동일한 기준을 기대하며 구매하는 다른 사람들도 동일 기준을 받아들인다.

오늘날의 세상과 사회에서 상품생산은 서비스생산과 경쟁한다. 미국 경제분석국에 따르면 2009년 서비스 부문은 미국 민간부문 국내총생산(GDP)의 79.6 %를 차지했다. 서비스도 고품질이어야 하지만 그렇다고 생산제품과 같은 방식으로 표준화될 수 있다는 의미는 아니다. 양질의 서비스를 원할 때, 나는 만족스럽더라도 다른 사람들과 같은 대우가 아닌 개별화된 대우를 원한다. 자동차나 스마트폰 등 고가의 표준화된 제품을 구입해도 개별화된 서비스를 원한다. 병원에서 환자를 치료하는 것처럼 더 복잡한 서비스의 경우는 이것이 더욱 분명하다. 환자의 관점에서 치료는 개별화되어야 한다(사람은 모두 다르고 똑같은 질병으로 고통 받는 경우는 거의 없기 때문이기도 하다). 사교모임을 조직하기 위해 누군가를 고용한다면 일반적 결과가 아닌 개별적인 결과를 원한다. 이것은 제조된 제품과 같은 방식으로 서비스 품질을 보장할 수 없음을 의미한다. 생산품이나 인공물의 품질에 대한 문제만큼이나 조직과 서비스가 어떻게 기능하는가에 대한 문제이다.

5-4 안전관리(Managing safety)

생산성과 품질관리의 목적은 어떤 일이 일어나도록 하는 것이지만, 안전관리의 목적은 어떤 일이 일어나지 않거나 특정 유형의 결과가 없도록 하는 것이다. 실제로 안전관리의 목적은 활동 또는 운영으로부터 원치 않는 결과의 수를 줄여 안전의 존재보다 부재를 관리하는 것이다(제2장 Safety-I 및 Safety-II 논의 참조). 안전관리시스템(SMS)은 "안전 리스크를 관리하기 위한 체계적이고 명시적이며 포괄적인 프로세스 집합이다. SMS는 목표설정, 계획 및 성과 측정을 위한 명확한 프로세스와 함께 안전에 대한 통제되고 집중적인 접근방식을 경영진에게 제공한다"(International Transport Forum, 2018). 안전 리스크라는 용어는 의미론적으로나 실용적으로 안전이 위험의 반대가 되기 때문에 약간 혼란스러울 수 있다. 그럼에도 불구하고 이는 표준 안전관리 용어의 일부가 되었으며 "최악의 예측 가능한(그러나 신뢰할 만한) 상황을 참조하여 위해요소의 잠재된 결과(들)에 대해 개연성과 심각성 측면에서 표현되는 정량화"로 리스크와 유사하게 정의되었다(Maurino,

제5장 - 단편적 변화관리(Fragmented change management) **137**

2017).

안전관리의 강조점은 일반적으로 사고를 통해 드러난 위해요소와 좋지 않은 상황에서 능동적 리스크가 될 수 있는 잠재적 조건을 포함하여, 식별된 리스크에 대응하는 것이다. 두 경우 모두 목적은 위해요소나 리스크를 제거하거나 적어도 허용 가능한 수준으로 줄이는 것이다. 따라서 안전관리는 개별 위해요소나 리스크에 초점을 맞추고 사고분석 또는 위험평가와 같은 표준화된 방식으로 이를 해결한다. 지배적인 접근방식은 "찾아서 수정하기(Find-and-Fix)"로, 문제가 될 수 있거나 잘못된 근원 또는 원인을 파악하는데 중점을 둔다는 의미이다. 각 문제는 자체적으로 제기하고 해결하기 때문에 관리 또는 학습의 연속성이 거의 없다. 이는 사고가 상대적으로 적고, 결과적으로는 스스로를 매우 안전하다고 생각하는 산업의 경우에 해당된다. 사실, 무사고라는 고귀한 목표가 만약 달성된다면, 더 이상의 학습을 위한 근거는 효과적으로 제거될 것이다.

5-5 신뢰성 관리(Managing reliability)

이 책에서 설명한 네 번째 쟁점이자, 역사적인(제2장 참조) 마지막 쟁점은 신뢰성이다. 신뢰성이란 무언가(또는 누군가) 일관되게 수행하는 것을 믿을 수 있다는 것을 의미한다. 신뢰할 수 있는 시스템은 일반적으로 사양에 따라 수행되는 시스템으로 정의되는 경우가 많다. 신뢰성은 무언가 또는 누군가의 수행력을 나타내기 때문에 전통적으로 기술, 인간 및 조직의 신뢰성 간 차이점이 있다. 각각은 신뢰성공학, 인적 신뢰성평가 및 고신뢰도 조직으로 알려진 자체 하위분야에 의해 해결된다. 세 가지 하위분야는 유감스럽게도 서로의 공통점이 거의 없다.

필요할 때 특정된 대로 기능하기 위해 시스템의 기술적 부분에 의존할 수 있다는 것은 분명 중요하다. 제2장에서 설명했듯이 신뢰성공학은 1950년대 초 군사장비의 신뢰성을 보장할 필요성과 함께 시작되었지만 그 이후 기술적 구성요소 및 장비의 신뢰성이 중요한 모든 곳에서 채택되었다. 신뢰성은 특정 환경(즉, 명목상의 조건하에서, 어떤 것도 모든 조건하에서 기능이 보장될 수 없기 때문)에서 특정기간 동안 고장 없이 작동할 확률로써 자주 표현된다. 따라서 품질과 신뢰성 사이에는 분명한 관계가 존재한다. 장비의 품질이 부족하거나 품질이 낮을 경우 신뢰할 수 없다. 그러나 품질은 생산 중(보증단계로 확장가능) 제조결함에 중점을 두므로 낮은 수준의 제품사양 규제와 관련 있다. 신뢰성은 제품의 전체주기, 시운전이나 해체 또는 종료에 이르는 제품과 엔지니어링 장비 또는 시스템을 포괄해야 한다. 따라서 품질은 수년, 수십 년 또는 그 이상에 걸친 신뢰성 및 실패율의 평가를 고려해야 한다. 생산성 및 품질관리의 경험이 이미 제공됨에 따라, 신뢰성 관리는 동일 구성요소 또는 초점이 많이 포함되었다. 신뢰성 관리시스템에 대한 권장사항은 강력한 리더십, 효과적 의사소통, 데이터수집 및 분석시스템, 절차, 문서나 지식관리 지원시스템 등과, 신뢰성문화 관리와 같은 항목도 강조한다.

제5장 - 단편적 변화관리(Fragmented change management)

신뢰성은 단순한 현상이 아니라 복잡하다. 생산성은 주어진 기간 동안 결과물을 계산하거나 입력과 출력 간의 비율을 계산하여 측정하거나 평가할 수 있다. 마찬가지로 품질은 샘플링이나 해당품목의 직접검사를 통해 평가할 수 있다. 따라서 두 가지 모두 비교적 간단하다. 물론 안전은 안전의 존재보다 부재에 초점을 맞추기 때문에 조금 더 문제가 된다. 어떤 일이 발생하지 않을 빈도를 세거나 측정하는 것은 불가능하기 때문에, 비록 안전의 부재만을 표기하였지만, 부정적 결과를 세는 것이 해결책이었다. 세 경우 모두 개입하거나 직접 변경하는 것도 다소 가능하다. 그러나 신뢰성은 상당히 다르다. 무엇보다도 오랜 시간동안의 수행력을 포함하기 때문에 신뢰성은 즉시 인식할 수 있는 것이 아니다. (생산성, 품질 및 안전의 쟁점은 매우 빠르게 인식될 수 있다.) 또한, 동일한 장비 또는 유사한 프로세스와의 비교를 기반으로 하며, 단일사례만으로 신뢰성이 낮다고 주장하기에는 충분하지 않다. 신뢰성의 관리를 위해 결과물과 개입(Intervention) 간 직접적인 연결사례는 거의 없음을 의미한다.

인적신뢰성평가(HRA: Human Reliability Assessment)

신뢰성공학은 오랫동안 문제를 해결한 것처럼 보였고, 적어도 수용가능하거나 감당할 수 있는 기술시스템의 신뢰성 수준으로 보였다. 신뢰성은 특정 환경에서 특정기간 동안 고장 없는 운용 확률로 정의되므로, 고장확률 계산은 신뢰도의 일반적인 척도가 되었고, 신뢰도는 고장률, 또는 1-p(실패)로 표현되었다. (예를 들어, NASA는 리스크를 Pf라는 실패확률로 정의하고, 신뢰성을 Ps라는 성공확률로 정의하여, 여기서 Ps=1-Pf가 나온다.) 이 접근방식은 1979년 3월 28일 스리마일섬 원자력발전소의 2번 원자로가 부분적으로 붕괴될 때까지는 지역사회에 쓸모있게 제공되었다. 이 원전사고는 기술장비의 신뢰성만 다루기에는 충분치 않다는 것을 명백하게 보여주었고, "구성요소"로 인간도 고려하게 되었다. 그 대응책은 인적신뢰도평가(HRA)로 알려진 하위분야였다. 인적신뢰도는 초기에 "사람이 (1) 필요한 시간(시간이 제한요소인 경우) 동안 시스템에 필요한 활동을 올바르게 수행하고 (2) 시스템을 저하시킬 수 있는 외적 활동을 수행하지 않을 확률"로 정의되었다"(Swain & Guttmann, 1983, pp.2-3).

인적신뢰도라는 개념은 처음부터 상당한 논쟁을 불러일으켰으며 여전히 열띤 논쟁의 대상이 될 수 있으나, 책과 논문이 매우 많으므로 여기서 자세히 살펴볼 이유는 없다. 물론 더 흥미로운 쟁점은 인적신뢰도를 관리하는 방법이다. 기술시스템과는 달리 인간은 설계되지 않았고, 과학분야로서 140년의 심리학에도 불구하고 인간이 어떻게 생각하는지 우리는 일반적인 용어로만 알고 있으며, 신뢰할만한 수행력을 보장하기 위해 그것을 관리하는 방법은 알지 못한다. 모든 시스템은 어떤 식으로든 사회-기술적 시스템이므로 일반적으로 신뢰성관리에 대한 문제를 분명히 나타내며, 따라서 여러 단계에서 인적수행력의 신뢰성이 포함되고 이에 의존한다.

고신뢰성조직(HRO: High Reliability Organisations)

인적신뢰도 문제가 해결되었거나 최소한 다루어졌을 때, 인적신뢰도를 관리하는 실질적인 문제에도 불구하고 관리 문제가 규제된 것으로 가정했다. 그러나 곧 추가적인 요소, 즉 조직이 있다는 것이 분명해졌다. 기술과 인간이 신뢰할 수 없게 수행할 수 있는 것처럼 조직도 마찬가지다. 이 문제는 1984년에 출판된 찰스페로우의 저서(Normal Accidents: Living with High-Risk Technologies)에서 확인되었으며, 많은 실패는 기술이나 인간보다 조직과 관련이 있다고 주장했다. 조직이 얼마나 잘 기능하는지에 대한 문제는 1986년에 우주왕복선 챌린저호 재난과 당시 소련의 일부였던 우크라이나 체르노빌 원자력 발전소의 재난으로 분명하게 입증되었다. 이것은 정상사고(Normal Accidents)가 발표된 지 2년이 지난 시점이었고 인적신뢰도가 쟁점으로 대두된 지 불과 7년 만의 일이었다. 다른 여러 사고 중, 두 가지 재난에 대한 조사는 무엇이 잘못되었는지에 초점이 맞춰지고, 우연히도 안전문화가 만병통치약으로 제안되었으며, 캘리포니아대학 버클리 연구원그룹의 관심은 "정상적인 사고"가 발생할 것으로 예상되는 상황에서도 "오류 없이" 기능할 수 있는 조직에 초점을 맞추었다.

고신뢰성조직(HRO)에 대한 집중적인 연구를 통해 제2장에 설명한 것처럼 이러한 조직을 특징짓는 5가지 특성이 만들어졌다. 안타깝게도 조직이 신뢰감 있게 수행할 수 있도록 관리하는 방법에 대한 실용적인 지침이나 원칙은 부족하다. 조직의 신뢰성은 (안전처럼) 재난과 실패를 살펴보고 "역기능적 특성 및 프로세스"(예: Roberts, 1990)의 대응에 이용될 수 있는 조직전략에 대한 조언을 제공하는 경향이 있다. 즉, 신뢰성을 관리하는 방법보다는 조직의 신뢰성 부족을 어떻게 관리하느냐에 대한 것이다.

5-6 변화관리 사고력 단편화
(Fragmentation in change management thinking)

네 가지 쟁점에 대한 변화관리가 어떻게 발전했는지에 관한 특성은 사고력이 여러 방식으로 단편화되어 있음을 보여준다. 생산성은 직무조직에서 시작되었으며 여전히 여기에 집중되어 있다. 초기의 과학적 관리는 정해진 대로 기계와 같이 일하는, 경제적 인센티브를 받는 개인 작업자에게 초점을 맞추었다. 그러나 오늘날 강조점은 대부분 조직에 있으며, 수직 및 수평적 확장과 함께 종속성이 증가했기 때문에 더 넓은 의미에서 그 의미가 더 크다. 품질은 제품이 작업자와 직무조직에 달려있음을 인식하면서 제품에서 시작되었다. 문화에 대한 공동의 열정은 서서히 조직에 퍼져가고 있었지만 그 자리에 머물러 있었다. 안전은 인간에게 초점을 맞추면서 시작되었으며, 마지못해, 1986년 이후 조직과 안전문화로 옮겨갔다. 이상하게도 안전관리는 무생물체는 다루지 않았다. 이 문제가 발생하면 리스크를 통한 명확한 관계가 있었지만 쟁점은 안전보다는 신뢰성이었다. 그러나 Safety-I에서 안전은, 결국 자

제5장 - 단편적 변화관리(Fragmented change management)

동화가 증가하고 AI가 모든 어려운 문제를 해결할 것이라는 낙관적인 희망으로 도입되어 무생물체도 포함해야 할지도 모른다. 마지막으로, 신뢰성은 기술에서 시작하여 인간에게 퍼진 다음 조직으로 퍼졌으나 이 세 요소가 통합된 개념이 아니라 각각 개별적으로 확산되었다.

변화관리의 사고력 단편화의 주된 이유는 의심할 여지없이 네 가지 쟁점의 다른 시작점과 강조점의 차이 때문이다. 각 쟁점은 처음부터 고유의 방식으로 관리되었으며 곧 고유의 전통으로 발전시켰다. 첫 번째 쟁점인 생산성의 경우, 이것이 작업 조직에 대한 사고력의 기초를 마련한 것은 놀랍지도 않다. 그러나 돌이켜 보면, 나중에 발생한 품질 및 안전성이 생산성과의 관계를 고려하거나 인정하지 않았다는 것은 다소 놀랍다. 대신, 그들은 특정 쟁점이나 관심사를 개별적으로 제기하여 새로운 전문부서, 새로운 모델, 새로운 방법 및 문화를 창출해냈다. 아래에 설명하는 것처럼, 많은 주요한 아이디어가 다소 "기계적" 방식으로 한 쟁점에서 다음 쟁점으로 이전되었다는 것이 더욱 놀랍다.

- 생산성의 쟁점으로 직무분해(Task decomposition)가 도입되었지만 다른 세 쟁점에서도 사용한다. 분해는 일반적으로 이해하기 쉽고 성공적인 관리를 위해 이용된다. 생산성은 또한 설계된 작업(WAI)이라는 개념을 포함하지만 당시에는 이 용어가 없었다.
- 낭비(Waste)제거 개념은 생산성에서 시작되었으며, 나중에 린(Lean)생산의 근거가 되었다.
- 생산성은 기본적으로 효율성을 향상하기 위한 것이었으며, 전문

화 및 표준화도 도입했다. 품질측면에서 표준화는 전반적인 변동성을 줄이는 수단이었다. 안전성과 신뢰성을 위한 전문화 및 표준화는 절차와 준수를 강조함으로써 찾을 수 있다.

- 통계적 공정관리(SPC)와 같은 통계량의 사용은 품질에서 비롯되었다. 빈도와 확률 면에서 통계량은 신뢰성의 중요한 부분이지만, 안전성과의 관계는 덜 중요하다.
- 선형적 인과관계분석은 안전에서 비롯되며, 근원분석(RCA)의 경우 가장 분명하다. 인과관계분석도 품질의 일부이지만 이상원인과 관련된 경우에만 해당된다. 실제로 우연원인이라는 개념은 공정의 "정상적인" 변동성은 관점의 대상이 아닌 것으로 간주된다.

이러한 유산은 변화관리의 두 번째 특성이 되어 다함께 단편화된 관점을 만들어냈으며, 더 이상 주목받지 않았다. 단편화에 대한 부가적인 형태가 있지만 이를 이해하려면 변화관리에 대한 몇 가지 주요한 접근 방식을 살펴볼 필요가 있다.

5-7 변화의 필요성(The necessity of change)

항해의 비유로 돌아가서 변화관리는 일관되게 코스를 설정하고 필요할 때마다 조정하며, 설정된 중간지점 또는 목표에 도달할 때까지 따르도록 하는 기능(Competence)이 필요하다. 무엇보다도 변화관리가

제5장 - 단편적 변화관리(Fragmented change management)

체계적이고 적절한 행동계획을 따르는 것이 중요하다. 이는 변화를 세부적으로 일으키는 방법을 계획할 시간이 충분히 있어야 함을 의미한다. 변화관리는 단순한 반응이 아니라 시간과 전문성을 필요로 하고 가치 있도록 하는 지속적인 프로세스의 결과라야 한다. 또한, 변화관리는 조직의 정상적인 기능과 분리된 활동이어서는 안 된다. 사실 변화관리의 근거는 정상적인 기능을 지원, 유지 및 개선하는 것이다. 따라서 변화관리를 잘 수행할 수 있는 최상의 방법에 대한 수많은 제안이 있다는 것은, 특히 최근 경영관리 문헌에서는 놀라운 일이 아니다. 다음은 세 가지 주요제안을 연대순으로 살펴본다.

사양-생산-검사에서 계획-실행-연구-개선까지
(From specification- production-inspection to plan-do-study-act)

품질관리에서 변화관리에 대한 전형적인 접근방식은 슈하르트(Walter A. Shewhart, 1939)가 설명한 소위 슈하르트 사이클이다. 이 사이클은 사양, 생산 및 검사의 세 단계로 구성되며, 이는 모든 생산의 기초이지만 품질관리에서 특히 중요하며 단순한 순서가 아닌 주기로 보아야 한다고 슈하르트는 주장했다.

이 세 단계는 직선형태가 아닌 원으로 진행되어야 한다 ... 과학적 방법(Scientific method)의 단계로써 대량생산공정의 세 단계로 생각하면 도움이 될 수 있다. 이러한 의미에서 사양, 생산 및 검사는 각각의 가설을 세우고 실험을 실행하여 가설을 테스트하는 것이다. 세 단계는 지식을 습득하는 역동적인 과학적 프로세스를 구성한다.

(Shewhart, 1939, p.45)

여기에서 슈하르트는, 영국 철학자이자 정치가인 프랜시스 베이컨이 1620년에 출판한 새로운 오르가논(Novum Organum) 책에서 서술한 과학적 방법을 나타냈다. 그는 인간이 어떻게 지식을 습득할 수 있는지에 대한 설명을 제공하고 현대 프랑스 철학자이자 수학자인 르네 데카르트가 주장하는 합리적이고 이론적인 접근방식과는 대조적으로 실용적이고 경험적인 접근방식을 주장했다. 과학적 방법은 질문을 공식화하거나 문제를 설명하는 것으로 시작한다. 이것은 가설을 구성하고, 가설을 테스트하기 위한 실험으로 이어진다. 그런 다음 결과를 측정하고 기록한다. 마지막으로 데이터를 분석하여 가설이 올바른지를 결정한다. 요약판에서는 가설을 수립하고, 실험을 수행하며, 실험결과를 평가한다. 두 접근방식 간의 유사성은 그림5.1에서 명확히 알 수 있다. 계획하고, 실행하며, 연구하는 것으로 일컫는 세 단계로 적용하게 되면 훨씬 더 분명해진다.

 슈하르트 사이클은 원래 세 단계만 있었지만 곧 네 번째 단계인 개선이 추가되었다. 이것은 초기에 결과를 조사하고 평가하기 위한 이유의 논리적 결과이다. 조사나 평가를 통해 제품 또는 결과물이 허용 가능한 품질이고 합의된 표준에 부합한다는 결론을 내릴 수 있는데, 계

제5장 - 단편적 변화관리(Fragmented change management)

속 이 경우에 해당되도록 조치를 취해야 한다. 제품이 허용 가능한 품질이 아니라는 결론을 내리는 경우, 어떤 방식으로든 생산공정을 조정 또는 수정하기 위해 무언가를 해야 할 필요가 있다. 슈하르트의 저서 (Economic Control of Quality of Manufactured Product, 1931)는, 평가의 결론은 적절한 시정조치의 기초가 되어야 함을 분명히 암시한다. 어떤 물리적 인공물 또는 서비스를 제조하거나 생산하는 것은 본질적으로 연속적인 활동이거나, 적어도 연속적인 활동의 하위단계를 포함해야 한다. 따라서 네 번째 단계는 슈하르트가 지적한 대로 "직선이 아닌 원"으로 루프나 사이클로 설정한다(op. cit.). 이와는 대조적으로, 과학적 방법으로 기술된 지식 습득과정은 장기적으로는 축적되지만, 같은 맥락으로 연속적이지는 않다.

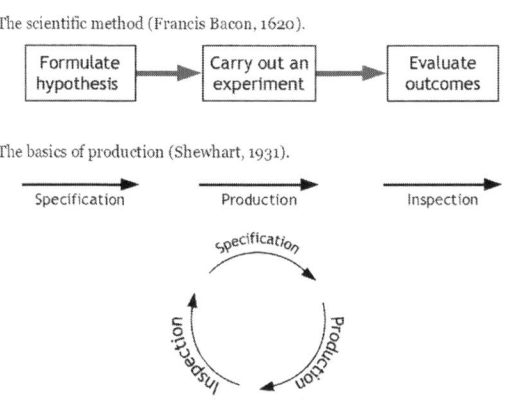

그림5.1 과학적 방법 및 변화관리

오늘날 네 단계로 구성된 사이클은 흔히 PDSA 사이클로 알려져 있으며, 계획, 실행, 연구, 개선을 나타낸다. 이것이 어떻게 생겨났는지 그리고 계획-실행-확인-개선(PDCA: plan-do-check-act)의 중간버전이 신임을 잃은 이유에 대한 설명은 모엔과 노먼이 제공했다(Moen & Norman, 2009). PDSA는 현대 품질관리의 아버지로 알려진 데밍(W. Edwards Deming)의 이름을 따서 데밍사이클 이라고도 한다.

PDSA사이클의 기원은 제조된 제품의 품질관리였는데 동일프로세스가 반복적으로 수행되어 몇 번이고 작은 변화를 만드는 것이 가능하다. 이러한 맥락에서 PDSA사이클의 반복적인 사용은 단계별 방식으로 식별된 문제를 해결하는 중요한 도구로 간주되었다.

모엔과 노먼은 반복이 과학적 방법과 PDSA의 기본원칙이며 사이클을 반복하면 사용자가 목표에 더 가까워진다고 언급했다. 오늘날 이 사이클은 프로세스가 기술적인 것이 아니라 사회-기술적이므로 덜 안정적이고 규칙적이지 않은 상황(예: Health care, Donnelly & Kirk, 2015)에서 변화관리에 대한 권장 또는 필수 접근방식으로 널리 사용되고, ISO 9001:2015 표준도 "PDCA 사이클은 모든 프로세스와 품질관리시스템 전체에 적용될 수 있다"고 언급한다. 이 경우 변화에 필요한 노력과 비용을 정당화하기 위해 더 극적인 개선이 필요한 경우가 많다. PDSA 사이클은 완전히 다른 맥락을 위해 개발되었지만, 건강관리개선연구소(IHI: Institute for Healthcare Improvement)에서도 일반적으로 권장하는 접근방식이다. IHI는 전 세계적으로 의료서비스의 개선에 도움을 주는 독립적 비영리조직이며, 변화관리를 위해 웹사이트에서는

제5장 - 단편적 변화관리(Fragmented change management)   149

다음과 같은 권장사항을 제공한다(그림5.2 참조).

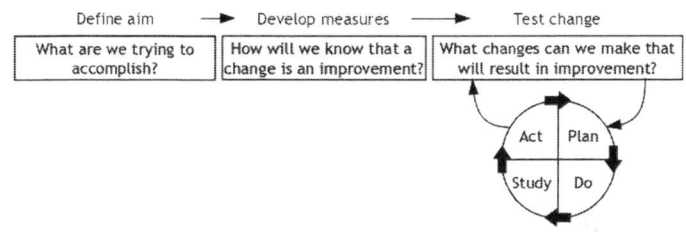

그림5.2 개선을 위한 IHI 모델

팀이 목표를 설정하고, 팀원자격을 정하며, 변화가 개선으로 이어지는지의 여부를 결정하기 위한 방법을 개발한 후, 다음 단계는 실제 현장의 변화를 테스트하는 것이다. 계획-실행-연구-개선 사이클은 변화를 계획하고, 실행하며, 결과를 관찰하고, 학습한 것을 개선하여 변화를 시험한다. 이것은 행동 지향적 학습에 이용되는 과학적 방법이다.

(IHI, 2019)

IHI 접근방식은 초기 동기, 즉 변화를 시작하는 이유가 무엇인지 알려지지 않았다. 슈하르트 사이클과 원래 PDSA 관심은 안정적인 제품 품질을 보장하는 것이었다. 물론 어느 정도는 건강관리시스템의 경우이기도 하지만, 그 외에도 낭비를 제거하거나 급격한 변화를 만들기 위해 치료(결과적으로 품질이 항상 향상되지는 않는)를 표준화하는 것이 목표가 될 수도 있다. 이런 경우 PDSA가 목표를 달성하는 가장 좋은 방법이라는 것을 당연하게 받아들일 수는 없다.

  이 책의 맥락으로 보면, PDSA는 변화관리보다 단계적인 개선관리에 적합하다. 개선이 자체적으로는 변화하지 않는 비활성 또는 수동적 시스템에 대한 것이라는 가정을 수반한다. 그러나 1930년대 제조업의 수동적 시스템과 오늘날 관리되어야하는 사회-기술적시스템 및 복잡한 조직의 경우는 다르다.

행동연구 및 나선형 단계
(Action research and the spiral of steps)

슈하르트 사이클, PDSA, 도요타생산방식(TPS) 등 동일 주제에 대한 몇 가지 다른 변화이론은 제품의 허용가능한 수준의 품질 보장을 위해 사용되었다. 공장, 조립라인 및 생산시설은 모두 분명히 사회-기술시스템이지만 이 방법들의 접근방식은 변화가 사회적(인간) 부분이라기 보다 시스템의 기술적 부분에 대한 것이라는 것을 암묵적으로 가정한다. 그러나 사회시스템은 본질적으로 기술시스템과는 다르며 사회시스템의 변화는 존중되고 인정해야 한다. 과학적 방법의 기본원리는 여전히 가설을 수립하고 실험하고 평가를 통해 결론을 낸다. 그러나 사회시스템은 거의 모든 가능한 면에서 기술시스템과 다르다는 것을 인식해야 한다. 사회시스템은 명시되지 않고 계속 변화하며(증가하는 엔트로피를 적극적으로 보상하려하기 때문에), 일어날 수 있는 일과 할 수 있는 다른 것들을 예측하려 한다[신조어를 활용하여, 레질리언트한 방식(Resilient manner)으로 수행한다고 보는 사람도 있다]. 따라서 슈하르트 사이클 또는 그 파생물이 사회시스템의 변화를 관리하는데 사용할 수 없다는 것은 당연한 일이다. 다행스럽게도 대안이 있다.

사회시스템의 변화관리에 대한 주요 영감은 행동연구(Action research)에서 찾을 수 있다. 이는 행동을 취하고 연구를 수행하며 비판적 성찰을 통해 두 가지를 연결하는 동시적 과정을 통해 혁신적인 변화를 가져오기 위해 개발된 1940년대 연구방법론의 일반적인 이름이다. 행동연구의 의제는 일반적으로 사회심리학의 창시자로 알려진 독일계 미국 심리학자인 레빈(Kurt Lewin)이 공식화하였다. 행동연구는 연구가 행동으로 이어지고 행동이 평가 및 추가 연구로 이어지는 반복적인 프로세스이다. 레빈은 다음과 같은 방식으로 도입했다.

나는 지난 1년 반 동안 그룹의 관계분야에서 도움을 받기 위해 온 매우 다양한 조직, 기관 및 개인과 접촉할 기회가 있었다... 이 열성적인 사람들은 스스로 세 가지 측면에서 혼란스러워했다. 1. 현재 상황은 어떠한가? 2. 어떤 것들이 위험한가? 3. 그리고 무엇보다도, 우리는 무엇을 해야 하는가?

(Lewin, 1946, p.201)

레빈이 여기서 언급한 세 가지 질문과 과학적 방법 및 슈하르트 사이클의 세 단계 또는 항해의 비유 간의 유사성을 보는 것은 어렵지 않다. 레빈의 행동연구는 "행동 결과에 대한 계획, 행동 및 사실조사 단계를 원(circle)으로 구성하는 나선형 단계의 진행" 방법을 설명할 때 더 분명해진다. (Lewin, 1946, p.206) 나선형 단계의 주요 세 부분은 각각 다음과 같이 설명할 수 있다(그림5.3 참조).

첫 번째 단계는 이용 가능한 수단을 고려하여 아이디어를 신중하게 검토하는 것이다. 상황에 대한 더 많은 사실조사(Fact-finding)가 필요하다. 이 첫 번째 계획 기간이 성공하면 두 가지 항목이 나타난다. 즉, 목표에 도달하는 방법에 대한 "전체 계획"과 두 번째는 첫 번째 행동단계에 대한 결정이다. 보통 이 계획은 초기의 아이디어를 다소 수정한 것이다.

(Ibid., p.205)

따라서 첫 번째 단계는 PDSA의 "계획"에 해당한다. 두 번째 단계는 기본적으로 전체 계획의 첫 번째 단계를 실행하는 것이므로 PDSA의 "실행"에 해당한다. 그 다음은 사실조사라고 하는 세 번째 단계가 이어지며, 이 단계에는 네 가지 기능이 있다.

먼저 행동을 평가해야 한다. 달성한 것이 기대 이상인지 이하인지를 나타낸다. 둘째, 설계자에게 새로운 통찰력의 기회를 제공한다... 셋째, 이 사실조사는 다음 단계를 올바르게 계획하기 위한 기초가 되어야 한다. 마지막으로 "전체 계획"을 수정하기 위한 기초역할을 한다.

제5장 - 단편적 변화관리(Fragmented change management)   153

(Ibid., p.205-206)

레빈의 모델 또는 접근방식에는 PDSA의 네 번째 단계인 "개선"이 포함되어 있지 않다. 앞서 언급한 인용에서 알 수 있듯이, "개선"은 이미 사실조사 단계에 포함되어 있다. IHI 모델에서 "개선"의 의미는 테스트에서 배운 내용을 기반으로 다음 단계를 위한 계획을 세우는 것이다. 레빈 사이클에는 있지만 PDSA 사이클이 부족한 것은 전체 계획을 변경하거나 수정할 가능성이다. 이 모델의 그래픽 렌더링은 PDSA 사이클보다 정돈되지 않았지만, 같은 이유로 아마도 더 사실적일 것이다.

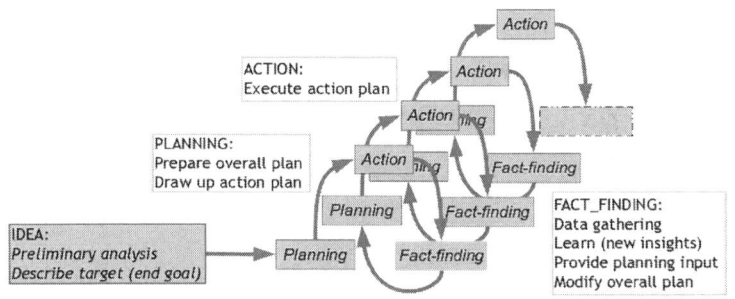

그림5.3 레빈의 나선형단계 모델

생산 프로세스 같은 기술시스템을 변경하려면 분명히 신중한 계획이 필요하지만, 시스템 자체는 비활성적이거나 수동적이므로 특별한 준비가 필요하지 않다. 그것은 개입(Intervention)에 반응하지만, 예상하거나 저항하지 않는다. 그러나 사회시스템에서 만들어진 변화에 있어서는 완전히 다른 이야기다. 사람들은 변화에 저항하거나 무관심할 수 있으며, 일이 발생하는 동안 동조하기도 하며 나중에는 이전에 했던 일로 되돌아가거나 열정적으로 수용할 수도 있다. 이러한 이유로 사회시스템의 변화관리 접근방식은 기술시스템의 접근방식과 달라야 한다. 레빈은 다음과 같이 인식하고 서술했다.

그룹 수행의 더 높은 수준을 위한 변화는 종종 단기적이며, "도움이 된" 이후, 그룹 생활은 곧 이전 수준으로 돌아간다. 이는 그룹 성과의 계획된 변경목표를 다른 수준에 도달하는 것으로 정의하는 것으로는 충분하지 않음을 나타낸다. 새로운 수준의 영속성 또는 원하는 기간 동안의 영속성을 목표에 포함해야 한다. 따라서 성공적인 변화에는 세 가지 측면이 포함된다. 현재 수준 L^1의 해빙(Unfreezing), 새로운 수준 L^2로 변화(Moving), 그리고 새로운 수준에서 그룹 생활의 동결(Freezing) 측면이다.

(Lewin, 1951, p.228)

이와 같이 사회시스템의 변화에 대한 높은 수준의 접근방식은 레빈의 해빙, 변화 및 동결이라고 부르는 세 단계를 포함한다.

- 해빙 단계에는 변화에 대한 준비를 포함한다. 특정의 일 방식이 자리를 잡는 동안 습관과 일상이 자연스럽게 자리 잡는다. 조직을 통하

제5장 - 단편적 변화관리(Fragmented change management)

여 사람들은 특정 방식으로 일을 배우고 동의하며 스스로의 현지 문화를 발전시킬 수도 있다. 그들은 그것을 효율적으로 받아들였기 때문에 많이 생각하지 않고 일상적으로 사용하며, 더 효율적인 다른 방법이 있는지를 거의 고려하지 않는다. 해빙 단계는 사람들이 변화의 키를 설정하기 위한 전제조건으로써 일상적인 활동과 습관을 재검토하는데 필요하다.

- 두 번째 단계인 변화는 나선형 단계 방법으로 이미 설명했다. 변화를 가져오는 데는 시간이 걸리고 전환기간이 필요하다. 오래된 습관을 포기하는 것은 결코 쉬운 일이 아니며 잘 확립된 일상을 방해하기 때문에 환영받지 못하는 경우가 많다. 따라서 처음에는 변화를 관리하는 사람들과 그 변화를 겪는 사람들에게도 진행이 느려 보일 수 있다. 변화 프로세스에는 시간 및 자원할당 측면에서 모두의 투자가 필요하며 그 결과는 즉각적이지도 인식하기 쉽지도 않을 수 있다. 관리하는 사람들은 물론 대부분의 사람들은, 조직적인 변화가 얼마나 빨리 일어나고 의도한 결과가 언제 나타날 수 있는지에 대해 매우 비현실적인 생각을 가질 수 있다.

- 변화가 이루어지는 마지막 단계는 동결 또는 통합이다. 다르게 말하면, 변화는 의도적으로 균형을 방해한다. 변화 이후 일이 안정된 상태로 되기까지 다소 시간이 걸릴 수 있다. 그러나 새로운 방식의 일이 표준으로 인정되도록 보장할 필요가 있다. 조직을 통해 사람들이 변화의 혜택을 누릴 수 있는 것은 새로운 균형이 확립된 경우에만 가능하다. 그것은 일반적인 예상보다 훨씬 오래 걸릴 수 있다.

관찰-확인-결정-행동
(the OODA loop: Observe-orient-decide-act)

변화관리는 한 상태(수행형태 또는 모드)에서 다른 상태로의 전환을 규제하려는 것으로 볼 수 있다. 그러나 변화관리는 일종의 명령 및 통제(C2: Command and Control)로써 더 직접적으로도 볼 수 있다. 통상 명령 및 통제는 군사작전에 대하여 특징적으로 사용하며, 용어는 각각 "미션을 수행하는데 필요한 인간의지의 창조적 표현"과 "이를 가능하게하고 위험을 관리하기 위해 명령에 의해 고안된 구조와 프로세스"로 정의된다(Pigeau & McCann, 2002). 명령 및 통제의 일부인 행동은 표5.1에 나와 있다. 이 개념은 과학적 관리(제2장 참조)가 도입된 이래 오랫동안 논쟁의 여지가 있고 비즈니스 맥락에서 사용했지만, 오늘날에는 너무 전통적이고 융통성이 없는 것으로 간주된다.

표5.1 명령 및 통제의 일부인 행동

명령	통제
새로운 구조 및 프로세스 창조 (필요한 경우)	구조 및 프로세스 모니터링 (시작된 후)
통제시작 및 종료 (시작 및 종료조건 설정포함)	사전 설정된 절차 수행
상황에 따라 통제구조 및 프로세스 수정	미리 설정된 계획에 따라 절차 조정

제5장 - 단편적 변화관리(Fragmented change management)

명령 및 통제 용어는 넓은 의미에서, 맥락과는 관계없이 변화에 필요하므로 여기서 설명한 대로 변화관리에도 필요하다. "명령"은 상황, 개입 또는 변화를 가져오는 방법에 대한 세부 계획을 연구하고 이해함으로써 얻은 결과 또는 결론이다. "통제"는 목표달성을 보장하기 위해 개입 또는 행동이 개발되는 방식을 주의 깊게 추적하는 것이다. 이것은 USAF의 존 보이드(John Boyd)대령이 개발한 관찰-확인-결정-행동 또는 OODA 루프에 의해 잘 알 수 있다(그림5.4 참조). (OODA 루프는 미국 전투기조종사가 한국전쟁에서 적대국보다 더 성공한 이유를 이해하기 위해 전투의 4가지 활동 또는 단계를 설명하기 위해 개발되었다. [Brehmer, 2005]) 기본적 아이디어는 의사결정을 관찰-확인-결정-행동의 반복적 주기에서 일어나는 것으로 묘사하고 있다.

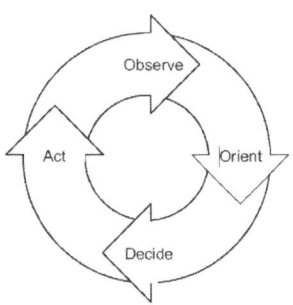

그림5.4 OODA 루프

그러나 한편으로는, 관찰을 활용하여 개념을 형성하거나 수립한다. 반면에 우리는 미래의 탐구나 현실의 관찰에 대한 본질을 형성하기 위해 개념을 활용한다. 전후로, 반복해서 관찰을 활용하여 개념을 선명하게 하고, 개념을 활용하여 관찰을 선명하게 한다. 이러한 상황 하에서, 개념을 형성하거나 수립하기 위해 우리는 끊임없이 변화하는 관찰의 배열(Array)에 의존하기 때문에 개념은 불완전한 것이다.

(Boyd, 1987, p.4)

네 단계의 본질은 관찰과 확인의 조합이 결정으로 이어지고, 결과적으로 행동으로 이어진다는 것이다. "관찰"의 목적은 현실적으로 가능한 한 많은 정보를 수집하여 진행상황을 이해하는 것이다. 그 다음은 상황에 대한 포괄적인 이해를 도출하기 위해 첫 번째 단계의 정보가 구성되고 해석되는 "확인"이 이어진다. 이를 바탕으로 무엇을 할 것인지, 무엇을 해야 할 것인지를 정하는 "결정"을 내릴 수 있다. 네 번째이자 마지막 단계는 선택한 작업 또는 개입이 실제로 수행되는 "행동"이다. 행동의 결과가 관찰된다는 것은 이 주기가 반복됨을 의미한다. (OODA 루프가 전개된 특정 상황에서, 예를 들어 공중전에서, 관찰은 행동에 대응하여 상대방이 시도하려는 것이 될 수 있다.)

OODA 루프가 전개된 상황에서, 상대나 적이 루프를 완료할 기회가 없도록 가능한 한 더 빠르게 실행하여 전개된 사실의 배후를 계속 따르는 것이 중요했다. 이 방법으로 OODA 루프는 능동적인 상대방이나 심지어 적이 있다고 가정하고 그 상황이 빠르게 발전하기 때문에 PDSA 및 레빈 모델과는 다르다. 아마도 후자가 기본적으로 느리게 변하는 비

제5장 - 단편적 변화관리(Fragmented change management)

적대적인 환경을 다루기 때문에 비즈니스 세계가 PDSA 보다는 OODA 루프를 채택한 이유일 것이다.

OODA는 장기계획이 실제로 불가능한 매우 역동적인 환경에서 외부변화의 극복을 목표로 하는 적대적 변화관리 또는 적대적 관리모델이며, 전략, 전술 및 운용 간의 균형을 나타낸다. 주변 상황이 예상보다 빨리 전개되고 수행될 대응보다 빠르면 변화관리가 어렵다. 이는 생산성 및 품질문제 관련하여서는 거의 발생하지 않지만 안전문제 관해서는 쉽게 발생할 수 있다. 주변의 빠른 변화 또한 쉽게 입력정보 과부하(IIO. 제3장 참조)상태로 이어질 수 있다. 변화가 너무 느리게 발생해도 변화관리가 역설적으로 훨씬 더 어려울 수 있다. "실행"을 마친 후에도 알아차릴 것이 없었다면 아무 일도 일어나지 않았거나 아직 일어나지 않았기 때문은 아닐까? 어떤 일이 매우 느리게 발생하면 연결점을 구성하는데 문제가 생기고, 패턴을 인식하기 어려울 수 있다. 너무 느리게 연주되는 멜로디를 생각하면 곡이 아닌 개별 음만 들리거나 포괄적 징후로 생각될 수 있다.

파괴와 창조(Destroy and create)

"명령"의 의미에(표5.1) 대한 설명에는 활동목적 또는 목표의 창조("새로운 구조 및 프로세스 창조")와 필요할 때마다 수정("통제구조 및 프로세스 수정")이 모두 포함된다. 이것은 OODA 루프가 시작된 군사작전의 상황에서 분명히 필수적이지만, 적대적 비즈니스 환경에서도 관련이 있다. 이러한 상황에서는 어떻게 상황이 전개되고 상대방이 무엇을 할지 불확실하다. 명시적 상대방은 없지만, 나선형 단계는 원래 아이디어나 필요할 때 수정하는 전체 계획의 형태로 유사한 것을 포함한다. 대조적으로, 슈하르트 사이클이나 PDSA는 초기 목표나 전체 목표를 변경할 가능성은 나타내지 않는다. 두 방식 모두 수동적으로 가정하여 자체 의도나 계획을 내포하지 않기 때문이다.

PDSA와의 또 다른 중요한 차이점은, "관찰"과 "확인"의 결과가 불완전하다고 가정하는 개념이므로 OODA 루프를 통해 형성하고 표현해야 한다. 이것은 베이컨과 레빈이 발견한 아이디어와 유사하지만 PDSA 사이클과는 상당히 다르다. 이와 같이 PDSA와 OODA 루프의 중요한 차이점은 "불완전"이라는 단어로 포착된다. PDSA는 "계획"으로 시작하는 대신 OODA 루프는 "관찰"로 시작하며, 그 주요 목적은 초기 가정을 "선명하게" 하는 것이다. 이런 식으로 "행동"의 최종 목표인 변화의 가치는 처음부터 주어지는 것이 아니라 루프를 통해 점차적으로 확립된다. 그럼에도 불구하고 초기 목표 또는 전체 계획을 수정해야 하는 필요성은 모든 종류의 변화관리에 필수적이다. 보이드는 다음과 같이 명확하게 서술했다.

주변 환경을 이해하고 대처하기 위해 우리는 정신적 패턴이나 의미의 개념을 전개한다. ... 우리가 어떻게 이러한 패턴을 파괴하고 창조하여 변화하는 환경에 의해 형성되고 또한 형성될 수 있도록 스케치하는 것

제5장 - 단편적 변화관리(Fragmented change management)

이다. 이런 의미에서, 우리 자신의 방식으로 살아남으려면 이런 종류의 활동을 왜 피할 수 없는지 문자 그대로 보여준다.

(Boyd, 1987, p.1)

보이드는 변화관리와 동일한, 명령과 통제를 기반으로 하는 이해를 "파괴하고 창조"해야 할 필요성을 강조했다. 필요할 때 전체 계획을 수정하는 것만으로는 충분하지 않다. 그것을 완전히 버리고 대신 새로운 계획을 전개하는 것을 의미하는, 기꺼이 파괴하는 것도 필요하다. 또한 그는 다음과 같이 서술했다.

내부지향적(Inward-oriented) 시스템에 의해 생성된 스스로의 불확실성과 무질서를 외부로 상쇄시키거나 새로운 시스템을 창조할 수 있다. ... 불확실성과 그와 연관된 무질서는 약화시킬 수 있다. ... 현실을 나타내는 더 높고 더 넓은 일반적 개념을 창조함으로써 ... 전개되는 이 드라마에서, 엔트로피 증가의 교대 사이클은 점점 더 많은 무질서로 향하고, 점점 더 많은 질서로 향하는 엔트로피 감소는, 더 높고 더 넓은 단계의 정교함을 향한 파괴와 창조의 교대 사이클을 주도하고 조절하는 것처럼 보이는 통제메커니즘의 한 부분으로 보인다.

(Ibid., p.6)

"더 높고 더 넓은 단계의 정교함"은 변화관리와 연관된 사항에 대한 이해가 향상되었음을 의미한다. 변화하는 조직은 폐쇄형이 아닌 개방형

시스템이기 때문에 경계가 어디에 있고 무엇이 주변 환경의 변동성을 결정하는지를 이해하는 것이 중요하다. 그 결과 경계의 수정과 확장이 있을 수 있다. 즉, "세상"에 대한 이해에 점점 더 많은 것을 포함시켜야 한다. 이에 대한 자세한 내용은 제7장에서 설명한다.

21세기의 새로운 10년이 시작되는 오늘날, 부분적으로는 능동적이고, 부분적으로는 우리가 의도하지 않게 변화를 설정했기 때문에(예: 최근의 무역전쟁), 변화하고 관리해야하는 조직은 안정성이 거의 없으며, 복잡성이나 상호의존성 또는 그 발생 비율을 우리는 이해하지 못한다. 주변 환경도 안정성은 없다. 이러한 안정성 부족은 변화관리의 기본 전제로 인식되어야 한다. 그렇지 않으면 성공보다 실패의 가능성이 더 크게 남게 된다.

5-8 단편화 주제(Fragmentation issues)

앞의 세션에서는 중요한 세 가지 변화관리 접근방식을 특징지으려고 시도했지만, 그중 어느 것도 현재 시대의 것은 아니다. 웹사이트를 검색하면 몇 가지 다른 주제들을 빠르게 확인할 수 있지만, 자세히 살펴보면 새로운 테마가 아닌 이미 알려진 테마의 변화를 나타낸다는 것을 곧 알게 된다.

세 가지 각각 및 그에 따른 많은 변화는, 여러 유형의 단편화에 의한 부담을 받는다. 이는 특히 단일문제(생산성, 품질, 안전성 및 신뢰성

제5장 - 단편적 변화관리(Fragmented change management)

에 대해 두 가지 이상을 함께 고려하지 않음)에 집중한 결과로 발생하는 근본적인 단편화가 강점을 강조하고 약점을 감추기 때문에 실제 거의 눈에 띄지 않는다. 기본 가정이 충족되는 한 실제로 변화관리에 대한 각 접근방식이 효과적이라는 데는 의심의 여지가 없다. 그러나 문제는 명백한 효율성의 관행이 가정을 면밀히 검토하려는 시도를 방해한다. 모든 방법이 그렇듯 필연적인 효율성-완전성 간의 절충을 암시하거나 동반한다. 그것을 있는 그대로, 우리가 배운 대로 이용하는 것이 효율적이며 모든 사람이 그렇게 하는 것처럼 보이기 때문에 그로 인한 완전성의 부족은 너무 쉽게 간과되고 잊혀 진다.

초점의 단편화(Fragmentation of foci)

단편화의 한 가지는 한 번에 하나의 문제나 관심사에 집중하는 습관 때문이다. 이는 제2장에서 설명한 네 가지 주제의 역사적 순서 때문이며, 그 결과는 각각 고유한 방법, 이론 및 모델의 개별 관심사였다. 또한, 각 초점은 특화된 역할, 절차 및 문화를 가진 자체의 조직적 사일로를 만들었다. 초점의 단편화는 더 빠르고, 더 좋고, 더 저렴한(FBC: Faster, Better, and Cheaper) 아이디어같이 복수의 우선순위가 동시에 도입된 경우에도 찾을 수 있다. 초점의 단편화는 제3장에서 설명한 것처럼 인간 마음의 작동방식과 일치한다. 단편화의 심리적 이유는 한 번에 한 가지에 쉽게 집중하고 나머지는 나중을 위해 배경에 숨겨두게 한다. 동시에 여러 가지를 살펴볼 필요가 있을 때 이용 가능한 어휘가 부족하고 방식이 몇 가지 없기 때문에 종속성과 결합(Couplings)을 이해하는 것이 매우 어려울 수 있다. 페로우의 용어를 이용하면(Perrow, 1984), 단순하고 선형적 상호작용을 가진 느슨하게 결합된 시스템으로 구성된 세계(1930~1950년대) 이후 세 가지 주요 접근방식이 개발되었을 때만 해도 이것은 심각한 장해물이 아니었다. 그러나 오늘날의 시스템과 조직은 얽힘(Entanglement)에 다다른 비선형적 상호작용과 밀접하게 결합되어 있다. 공통모드 연결, 상호 연결된 하위시스템, 다수의 피드백 루프 및 간접정보 등이 있으며, 모두를 이해하는 것은 한계가 있다.

범위의 단편화(Fragmentation of scope)

단편화는 분해를 통해 더 큰 시스템을 이해하고, 개별적으로 해결할 수 있는 부분(하위문제)으로 나누고, 기본적 하위문제 수준에 도달할 때까지 계속하여 문제를 이해하려고 시도하는 방식의 결과이다. 물론 부품이나 구성요소를 개별적으로 설명하거나 분석할 수 있다는 가정은, 변화를 단계별로 구현할 수 있다는 의미이므로 변화관리에 매우 편리하다. 그 단계가 서로 영향을 미치는 한, 알려진 속도와 방식으로, 선형적 방식으로 발생한다고 가정한다. 또한 다른 모든 조건은 동일하다(Ceteris paribus)는 원칙이 유지된다고 가정한다. 즉, 전체는 부분의 합 일 뿐이거나 부분의 (선형적) 조합으로 표현되고 이해될 수 있다. 이것은 기술과 기계의 작동방식을 이해하기 위한 경우이다(예: 다양한 부품의 조립순서 또는 연관성을 보여주는 특징적 "분해도").

  부분적인 단편화는 시스템의 구성, 즉 구조적 측면에서 설명될 수 있다고 가정한다. 이를 위해서 시스템 주변과 시스템을 구분하는 경계를 명확히 특정하거나 인식할 수 있어야 한다. 또한, 시스템이 하위시스템으로 구성된 것으로 설명할 수 있도록 더 작은 규모로 동일하게 행해질 수 있어야 한다. 시스템이 무엇인지에 대한 고전적인 정의는,

시스템은 개체 간, 속성 간 관계가 포함된 개체의 집합이다.
(Hall & Fagen, 1968, p.81)

그러나 제7장에서 자세히 논의할 경계(Boundary)문제는 사소한 문제가 아니다. 시스템을 구조적인 면보다 기능적 측면에서 설명하는 것이 더 좋고 더 쉽다고 할 수 있다. 이는 부분적으로 다루기 어려운 문제로 인한 것이지만, 시스템(조직)은 정적이라기보다 동적이라는 사실을 인식하는 것이기도 하다.

  분해기반(Decomposition-based)의 단편화는 문제를 해결할 수 있고 조금씩 개선할 수 있다는 생각과 일치한다. 이는 주요 부품이나 기능이 발견되면 (예: 제조 프로세스 또는 서비스 체인) 부품이나 기능은 단순히 더 나은 것으로 대체할 수 있음을 의미한다. 제4장에 설명한 대체신화는 구성요소나 기능이 시스템에 도입되는 것은 단지 의도한 것이며, 의도하지 않은 효과는 없다는 점에서 가치중립적일 수 있다는 일

반적 가정이다. 그러나 시스템에 대한 어떤 변화도 자원과 수요 간의 미묘한 균형을 필연적으로 방해하기 때문에 대체신화는 더 이상 유효하지 않다(Hollnagel & Woods, 2005, p.101).

시간의 단편화(Fragmentation in time)

PDSA 이면에 있는 무언의 가정은 변화가 일어나는 동안 주변이 안정적이라는 것이다. 이것은 주변에서 일어나는 일이 결정론적이라고 말하는 또 다른 방법이다. 주변이 안정적이라면 무언가를 하지 않으면 아무 일도 일어나지 않기 때문에, 이는 당연히 결정적이다. 또한 "계획"이 결과("확인" 또는 "연구")를 정확하게 예측할 수 있고 따라서 예상되는 결과를 달성할 것이라는 점에서 결정론적이다.

PDSA는 주변 환경이 안정적이라고 가정하는 것이 중요하며, 그렇지 않으면 사전에 정의된 순서에 따라 일련의 개별단계를 통해 원하는 변화를 달성할 수 없기 때문이다. 각 단계가 주기와 같이 반복되더라도 여전히 단편화되거나 시간적으로 분리된다. 변화의 효과를 결정하기 어렵기 때문에 시간에 따른 단계를 "청결하게" 분리할 필요가 있다는 주장도 있다.

P.D.C.A.의 미덕은 계획, 실행, 확인 및 행동에 있는 것이 아니라, 실행으로부터 계획, 확인으로부터 실행, 행동으로부터 확인을 분리하는데

제5장 - 단편적 변화관리(Fragmented change management) **167**

있다. 한 가지 개선사항이 그 다음의 변화와 격리되도록 프로세스에 변화를 보장하는 방법론이다.

(Berengueres, 2007, p.72)

그 의미는 변화를 일으키는 단계들을 제외하고는 아무 일도 일어나지 않는 것이다. 즉, 변화를 겪고 있는 시스템은 변화의 의도된 결과와는 별개로 안정적으로 유지된다는 것이다. 이는 물론 "실행"단계에서 특히 중요하다. 계획된 개입이 진행되는 동안 다른 일이 발생한다면 결과가 실제 개입의 결과라는 결론을 내리기가 어려울 수 있다.

변화를 겪고 있는 시스템이 변화 중에 수동적으로 유지된다는 가정은 아마도 슈하르트 사이클이 제안되었을 당시와 그것이 고려된 맥락에서 상당히 합리적이었을 것이다. 그러나 이미 언급한 바와 같이, 이 가정은 기술시스템(적어도 과거의 기술시스템)에 대해서는 사실일 수 있지만 사회시스템이나 사회-기술시스템에 대해서는 그렇지 않다. 레빈의 나선형 단계는 변화가 시행된 후 동결단계를 포함하여 전체적인 계획을 재구성할 필요성을 간접적으로 인식했다. OODA 루프는 조건이 빠르게 변화하는 상황을 위한 것이므로 이 점은 훨씬 더 명확하다. 해결책은 상대방이 그 사이에 어떤 것도 할 가능성이 없을 정도로 빠른 결정을 내리는 것이다. 사회-기술시스템의 변화관리에는 일반적으로 적이 포함되지 않으므로 속도에 대한 동일한 프리미엄을 둘 필요가 없다. 대조적으로, 우리는 사회적 시스템이 결코 안정적이지 않고 항상 변한다는 것을 알고 있으며, 이는 주로 부분적으로 알려지지 않은 환경

(엔트로피 측면과는 별개)에서 개방시스템이기 때문이다. 이 문제는 제6장에서 다시 언급된다.

분해의 역사는 물론, 과학의 기초이자 단계적으로 일을 수행하는 과학적 방법이기 때문에 논쟁의 여지가 없다. 사실, 우리가 무언가를 생각할 때 순서를 여러 부분으로 나누어야 하는 것은, 계획된 시간 이전과 이후의 상황을 분석할 때 모두 불가피하다. 그러나 차례대로 상황의 순서는 일차원적 시간의 인공물로 볼 수도 있다. 동시에 두 가지가 발생하더라도 해상도를 높여 실제로 하나가 다른 것의 앞 또는 뒤에 발생했음을 보여줄 수도 있다. 그러나 단순한 상황의 순서는 종종 그렇더라도 인과관계로 오해해서는 안 된다. 실제로, 우리 개개인은 두 가지를 동시에 할 수 없으므로 일은 한 단계씩 차례로 일어난다. 주의력이 제한적이기 때문에 동시에 발생하는 것보다 시간적으로 분배하는 것이 제어하기도 훨씬 쉽다. 그러나 이것이 과학과 (적어도 고전적 의미의) 자연을 다루는데 효과가 있는 이유는, 복잡한 사회-기술시스템의 변화관리에는 효과가 없는 이유이기도 하다. 그야말로 오랫동안 충분하게 안정적이지 않다.

시그널 대 노이즈(Signal versus Noise)

다른 조건은 동일(Ceteris paribus)한 원리와 변화관리 방법에 대한 다양한 제안의 기초가 되는 또 다른 가정은, 계획된 개입(취해진 행동)이

제5장 - 단편적 변화관리(Fragmented change management)

관찰된 결과의 원인 또는 이유라는 것이다. 제2장에서 논의한 시그널과 노이즈의 개념으로 돌아가서, 계획된 변화는 시그널이며 시그널은 노이즈보다 강해야 한다. (노이즈는 시그널을 방해, 왜곡 또는 약화시킬 수 있는, 일반적으로 제어할 수 없고, 원치 않는 변화를 나타내는 일반적인 용어다. 노이즈는 입력에 의해 결정되지 않은 시스템 출력의 일부로 볼 수도 있다.) 실제로, 세테리스 패러버스 원리는 말할 가치가 있는 노이즈는 없다는 것을 의미한다. 그러나 문제는, 변화관리가 "시그널"만큼 많은 영향을 미칠 수 있는 외부 "입력"은 없다는 것을 당연히 받아들일 수 있는지의 여부이다.

사회-기술시스템인 오늘날의 조직은 항상 내외부의 영향으로 인해 변화를 겪고 있으며, 이 중 다수는 알 수 없고, 대부분은 예측할 수도 없다. 레질리언스 엔지니어링(Hollnagel et al., 2011)에서 설명한, 민첩한(Agile) 조직은 다양한 방식으로 이 문제에 대처할 수 있다. 계획된 모든 변화는 끊임없는 조정 외에도 발생하며 성공의 변화를 가져오려면 이들과 시너지를 창출해야 한다. 이는 필요한 다양성 및 필수다양성의 법칙으로도 설명할 수 있다. 변화를 관리하고 시스템을 제어하려면, 규제자는 (변화관리 계획으로 볼 수 있는) 개입("실행")이 수행되는 동안 시스템에서 어떤 일이 "자연스럽게" 발생하는지 알아야 한다. 그러나 "자연스럽게" 발생하는 것은 우리가 일반적으로 거의 알지 못하는 노이즈나 "자연"의 다양성이다. 모든 변화관리 접근방식은 계획된 개입(시그널)이 너무 강해서, 적어도 개입을 수행하는데 소요되는 시간동안 다른 영향이나 노이즈를 무시할 수 있다고 가정하는 것으로 보인다.

이것은 일종의 단편화로 볼 수 있는데, 말하자면 시스템의 나머지 부분의 동태(Dynamics)관계로부터 개입을 분리하기 때문이다. 그러나 이것은 위험한 가정이다(제6장에서 더 논의된다).

 PDSA와 같은 고전적 변화관리는, 다시 항해 비유의 표현을 빌리면 모터구동선박을 타고 항해하는 것에 비유할 수 있다. 모터보트에서는 위치를 자주 확인하는 것이 필요하지만 경로와 속도의 설정이 가능하다. 유감스럽지만 진정한 변화는 바람을 타고 항해하는 것과 비슷하다. 의도한 코스를 따라갈 수 있는 능력은 바람의 방향과 힘, 예측할 수 없는 고요함과 돌풍, 파도와 해류 등에 따라 달라진다. 그 결과 주변 지역에서 일어나는 일과는 관계없이 원하는 대로 이동하거나 항해하는 것이 항상 가능한 것은 아니다. 레이싱이든 레저용이든 바람을 타고 항해하려면 결국 목적지에 도달할 수 있도록 더 큰 패턴으로 태킹(Tacking)을 활용해야 하지만 항상 의도한 방향이나 예상한 속도로 항해할 수는 없다.

 사회-기술시스템의 변화관리는 주변 환경의 통제되지 않은 변동성과 보상(Compensating) 대응 간 시너지 효과를 만들기 위해 작은 개입에 신중하게 시간을 투자하는 접근방식이 필요하다. 행동은 무익하거나 중립적 세계에서는 일어나지 않지만, 시스템을 의도된 방향으로 이동시키려는 동시에, 계획된 행동과 무관하게 발생하는 변화를 항상 보상해야 한다. 이러한 보상행동은 어쨌든 이루어져야 하므로, PDSA가 고려하는 의도된 변화에 대한 기초 및 시너지 효과로 사용하는 것은 타당하다.

제5장 - 단편적 변화관리(Fragmented change management)

PDSA 사이클은 변화가 도입되는 시스템을 폐쇄형시스템으로 가정한다. 또한 (예상한) 개입에 반응하지만, 그렇지 않으면 예상하고 설계된 대로 계속 기능한다는 점에서 수동적으로 간주된다. 따라서 시그널이 매우 강하며 가능한 모든 노이즈를 지배한다고 가정할 수 있다. PDSA에 생성-파괴의 쟁점이 있는 경우, 변화하는 동안 그것을 대체하는 것이 아니라, 시작할 수 있는 올바른 시그널을 찾는 것이다.

나선형 단계에서 목표시스템은, 수동적이기보다는 역동적이고 능동적인 사회적 시스템이다. 시그널은 전체계획을 기반으로 하지만 전체계획은 지속적으로 평가되고 수정된다. 그러나 그것을 파괴하거나 (재)창조하지는 않지만, 반복된 평가는 일종의 진실값 유지로 볼 수 있다. 즉, 전체계획의 기초가 되는 가정은 여전히 충족되며 노이즈가 제어할 수 없는 외부 시그널이 될 정도로 너무 많은 힘을 얻지 않고 노이즈로 남아 있는지 확인하는 것이다. 그렇게 된다면, 전체 계획의 재평가에도 포함되기를 바란다. PDSA는 그러한 평가 또는 "전심(Mindfulness)"을 온전히 나타내지는 못한다.

마지막으로, OODA 루프는 역동적이고 변화하는 세계를 명시적으로 다룬다. 다른 두 가지 접근방식과의 차이점은 장기적이기 보다 단기적(또는 가까운 시일 내)으로 변화가 빠르다는 것이다. 또한 주변 환경의 변화가 변별역을 초월하여, 약한 시그널이기보다 강한 시그널로 가정하므로 쉽게 감지되고 인식될 수 있다. 결정의 결과가 되어야 하는 계획 기간이나 범위도 매우 짧다. 따라서 결정 또는 결정의 결과가 사실상 시그널이며 행동하는 동안 상대적으로 노이즈가 거의 없다고 가정하는 것이 합리적이다. 이 접근법은 장기적 발전보다는 단기적이며 적대적인 상황을 살펴보기 때문에 합리적으로 보인다.

세 가지 경우 모두에서 문제점은, 접근방식이 여러 면에서 개발된 상황과 다른 상황 및 조건에 이용된다는 것이다. 이 의미는, 그들이 원래 그랬던 것처럼 오늘날에도 작동할 것이라는 것을 당연하게 여길 수 없다는 것이다. 제6장에서는 융합적(Synetic) 변화관리에 대한 접근방식을 개발하기 위한 출발점으로서 세 가지 유형의 단편화를 극복할 수 있는 방법을 살펴본다.

제6장 - 융합적 변화관리
(Synetic change management)

6-1 소개(Introduction)

제4장에서는 엔트로피와 무질서가 지속적으로 증가하기 때문에 우리의 단편적 이해의 결과를 방지하기 위해 조직이 어떻게 수행하고 기능하는지에 대해 지속적으로 주의를 기울여야 한다고 주장했다. 변화를 만들고 관리하는 것은 목표나 목적을 설정하고 결과를 가져올 개입 또는 활동을 식별하는 것처럼 간단하지 않다. 오늘날의 세계에서는 조직이 어떻게 기능하는지 이해하고 주변에서 일어나는 상황에 대해 아무 표현도 하지 않는 것은 결코 쉽지 않으며 때로는 거의 불가능하다. 목표를 식별하여 설명하고 "실종된 부분"이 무엇인지, 그리고 우리를 현재 위치에서 목표로 데려갈 활동이나 개입이 무엇인지 추론하는 것만으로는 충분하지 않다. 변화를 만들고 관리하는 것은 일반적인 문제 해

결자로부터 현대적 변화이론에 이르기까지 야심찬 지적체계에 의해 암시된 합리적인 운동이 아니다. 물론 목표와 수단측면에서 생각하는 것은 여전히 유용하지만, 현재 상태와 목표 사이의 경로를 미리 계획한 후 간단한 경로도를 따를 수는 없다. 주된 이유는 내부 및 외부 조건이 계속 변화하여 완전한 계획이나 전략이 개발될 때까지 시스템의 상태, 자원, 제약조건 등에 대한 전제를 기반으로 한 가정이 더 이상 유효하지 않을 수 있기 때문이다. 데이터 수집도 변화 이전 여유시간에 완료될 수는 없다. 레빈의 나선형 단계에서 이미 강조된 바와 같이 그것은 변화하는 동안 계속되어야 한다. 여기서 중요한 문제는 내부모델의 정확성과 타당성, 주어진 개입에 대한 대응으로 어떤 일이 일어날지에 대한 가정, 그리고 특정한 개입이 원하는 결과를 가져오는데 효과적이라고 가정되는 이유다.

제5장에서는 변화관리가 최소한 세 가지 방법으로 단편화되어 있다고 서술했다. 이 책 전체에서 언급된 생산성, 품질, 안전 및 신뢰성이라는 네 가지 문제로 설명하는 것처럼 초점 측면에서 단편화되어 있다. 네 가지 문제와 때로는 다른 문제들도 자체 모델과 방법을 사용하여 별도로 추구되며 일반적으로 조직의 다른 부분에 할당된다. 변화관리는 구분된 활동, 조직구조나 기능의 하위집합 또는 특정 역할, 책임 및 전문성의 성과를 보기 때문에 범위 측면에서도 단편화되어 있다. 마지막으로, 변화관리는 시작시점과 (더 결정적으로는) 종료시점, 특히 결과가 확고하고 영구적으로 확립된 시점에 대해, 잘 규정된 기간을 갖는 것으로 가정된다는 점에서, 시간측면으로도 단편화되어 있다.

제6장 - 융합적 변화관리(Synetic change management)

　이 장에서는 각 유형의 단편화에 대해 논의하고 이를 극복할 수 있는 방법을 제안한다. 단편화된 변화관리 문제의 본질 때문에 편하고 간단한 해결책을 제공하는 것은 불가능하다. 안타깝게도 불편한 해결책이 있을 뿐이지만, 필요한 추가 자원과 에너지/노력을 소비함으로써 얻을 수 있는 장기적 이점은 안락한 영역에 남아 얻을 수 있는 단기적 이익과 편의성보다 더 클 것이다. 한 번에 한 가지에 집중하려는 인간의 선호도에 맞아떨어지므로 사람들은 단순하거나 획일적 해결책에 끌린다. 심리적 단편화의 이유 때문에 우리는 문제를 함께 보기보다 하나씩 해결하는 경향이 있고, 다른 방법보다 깊이우선(DBB)방법을 추구하는 경향이 있다. 현존하는 것은 확실한 반면, 아직 일어나지 않은 것은 잠재적으로 불확실하기 때문에 그것이 합리적이라고 주장한다. 대안인, 너비우선(BBD) 방법은 더욱 철저함(Thoroughness)을 필요로 한다. 따라서 무엇인가 이루어지기전에 불필요한 노력을 소비하거나, 약간의 실행 지연으로 이어질 수도 있다.

　어떤 것이 비정상으로 인식되면 직관적인 반응은, 거의 본능적인 것으로 최대한 빨리 해결하려고 노력하는 것이다. 철학자 니체는 "낯선 것을 익숙한 것으로 거슬러 올라가는 것은 한 번에 안도감, 위안, 만족감과 동시에 힘의 느낌도 만들어낸다. 낯선 것은 위험, 불안, 보살핌을 포함하며, 근본적인 본능은 이러한 고통스러운 상황을 제거하는 것이다. 첫 번째 원칙은, 어떤 설명도 전혀 하지 않는 것보다는 낫다"라고 서술했다(Nietzsche, 2007; org.1895). 불확실성을 신속하게 해소하려는 충동은 보편적으로 거부할 수 없다. 사람들은 항상 가장 시급하거나 주어진 시간에 가장 큰 관심을 불러일으키고 주의를 끄는 최근의 문제들을 해결하려고 노력하며, 실제 효과가 있을 것이라는 확인 없이 즉시 이용가능한 해결책을 낙관적으로 적용한다. 문제의 범위를 이해하고 다른 문제가 관련되어 있는지 확인하는데 약간의 시간을 할애하는 것은 가치가 있다는 경험에도 불구하고, 거의 모든 경우에서 그렇게 이루어진다.

6-2 초점의 단편화 처리(Dealing with the fragmentation of foci)

초점의 단편화는 각 문제가 다른 문제에 영향을 미치거나 영향을 받을 수 있는 방식을 고려하지 않고 자체적으로 해결됨을 의미한다. 간단한 예로 안전은 안전부서에서 처리하고 품질은 품질부서에서 처리하거나, 제5장에서 살펴본 바와 같이, 안전문화, 품질문화, 생산문화, 그리고 심지어 신뢰문화에 대한 제안도 있다. 사실, 특정문화의 부족으로 문제를 진단했을 때, 또는 특정문화에 대한 개선책이 문제를 해결할 것이라고 믿었을 때 가능한 해결책으로 제기된 특정화된 문화류는 적지 않다. 그러나 다른 문화의 존재를 어렴풋이 가정하는 것은 분명 합리적이지 않다. 적어도 그들은 같은 조직에 공존하고 사람들의 마음속에 통합되어야하므로 서로 어떤 관계를 가져야한다.

이전 장에서는 쟁점이 단편화되는 이유를 설명했다. 물론 단편화의 역사적 이유를 뒤집거나 부정하는 것은 불가능하다. 서구의 산업화 사

제6장 - 융합적 변화관리(Synetic change management)

회가 어떻게 발전했는지를 감안할 때 다른 방식으로는 불가능했을 것이다. 아마도 보편적인 AI가 차지하는 비현실적인 환상을 제외하고는 단편화의 심리적 이유를 부정하거나 무효화할 수는 없다. 그러나 단편화의 이유를 마술처럼 제거할 수 없더라도 우리가 알고 있다면 그것을 극복하거나 보상하기 위해 무언가를 할 수 있을 것이다. 이것이 곧 융합(Synesis)이다.

제2장에서 설명했듯이, 첫 번째 쟁점은 생산성이며, 돌이켜 보면 낭비를 없애려는 시도로 볼 수 있다. 산업혁명 훨씬 이전부터 생산성은 항상 인간작업의 효율성에 대한 관심사였다. 이것의 가장 초기버전은 로마군단과 같은 군대에서 발견할 수 있는데, 집단적 활동은 전쟁뿐만 아니라 평화시기에도 효과적이어야 했다. 테일러의 관심은 사람들이 필요하다고 생각하는 것보다 더 많은 일을 하고 더 많이 생산할 수 있으며, 이것이 회사와 직원 모두에게 이익이 될 것이라는 점이었다. 따라서 관찰된 문제는 인력낭비에 있었다. 계획이나 구성이 부족해서가 아니라, 전반적으로 작업자들은 최적화자가 아니라 대개 현지주민이었기 때문이다.

시그널과 노이즈(Signal and Noise)

테일러가 해결하려고 시도한 생산성 문제는 확립된 작업 관행에서 비롯된 노이즈 때문이라고 볼 수 있다. 이러한 문제가 해결되고 생산성이 허용 가능할 정도로 안정적인 수준으로 개선되었을 때 다른 노이즈원이 생산성에 미치는 영향이 눈에 띄게 되었다. 테일러는, 광석이 가득한 철도차량 하역 시 삽질, 제철소에서 미제철련의 이동과 운반, 베어링볼의 수동검사 등과 같은 수작업에 관심을 가졌다. 따라서 나중에 소비재의 제조에서 품질이 문제가 된 것은 아니었다. 여기서 품질 변동성은 제품의 시장가치에 영향을 미치므로 간접적으로 생산성에 영향을 미친다. 차후에 데밍이 주장했듯이 품질개선은 비용을 줄일 뿐만 아니라 생산성과 시장점유율도 증가시킨다. 마찬가지로, 안전성 부족으로 인한 변동성도 생산성 저하나 실패로 이어질 수 있기 때문에 문제가 된다.

품질과 안전이 모두 (합리적) 규제 하에 있게 되었을 때, 다음 쟁점이나 노이즈 원인은 공정의 안정성 또는 신뢰성 부족이었으며, 이는 생산"기계류"를 구성하는 부품, 구성요소나 기능의 신뢰성 측면으로 표현되었다. 그중 일부는 신뢰성 보다 생산성과 안전성 추구에서 일어났지만, 휴먼팩터엔지니어링과 제3장에 설명된 MABA / MABA(Men-Are-Better-At / Machines-Are-Better-At)의 절충에 의해 처리되었다. 그러나 점점 복잡한 기술, 특히 컴퓨팅 기계와 정보기술에 대한 사용이 증가함에 따라 제2장에서 설명하는 다른 문제가 발생했다. 기술자체의 신뢰성과 관련된 문제 외에도 사용된 시스템 및 프로세스의 취급 복잡성이 증가함에 따라 두 가지 다른 노이즈 원을 고려해야했으며, 그것은 인적수행력 및 조직의 신뢰성과 연관된 것이었다.

그러나 생산성이 없는 품질은 거의 소용없는 것과 마찬가지로 품질이 없는 생산성은 소용이 없다. 안전성과 신뢰성의 관계도 마찬가지다.

제6장 - 융합적 변화관리(Synetic change management) **179**

따라서 초점의 단편화 영향을 극복하는 한 가지 방법은 서로 다른 문제가 서로 어떻게 의존하는지 탐구하는 것이다. 그러기 위해서는 상태나 조건이 아닌, 행해지거나 일어나는 기능이나 활동을 고려하는 것이 유용하다. 즉, 정적인 것이 아니라 동적으로 생각하고 명사보다 동사나 동사구를 사용하는 것이 유용하다. 이런 방법으로 생산성은 생산하는 행위 또는 "생산하다"가 된다. 품질은 측정된 표본 값이 관리상한과 하한 사이에 있도록 확인하거나 "품질을 보장하기"위한 행위가 된다. 안전성은 원치 않는 결과의 수를 적절한 수준으로 줄이는 행위이거나, 가능한 한 잘 진행되도록 보장하는 행위, 또는 "안전하게 일하다"가 된다. 마지막으로, 신뢰성은 필요할 때마다 시스템에 필요한 모든 기능의 존재와 가용성을 보장하는 행위나 "신뢰성을 보장하다"가 된다.

일의 확장된 관점(Enlarged view of work)

100여 년전 테일러, 슈하르트, 하인리히는 더 큰 시스템에서 일어난 일에 대해 깊이 생각하지 않고 특정한 작업 상황에 집중할 수 있었다. (일반 시스템이론에서와 같이 시스템의 개념은, 1940년대 후반 이전에는 일반적으로 사용되지 않았다.) 이로 인해 도입 당시에는 적절했지만 오늘날에는 상당히 불충분한 모델과 방법의 유산으로 남았다. 생산이든 서비스이든, 현장은 더 이상 조직적 내용이 추가되더라도, 인간과 기계 요소가 어떻게 구성되고 조정되는지 간단히 설명할 수는 없다. 오늘날의 조직은 사회-기술시스템 또는 복잡계 사회-기술시스템으로 이해해야 한다. 사회-기술시스템의 개념은 작업자와 기술 간의 관계에 초점을 맞추기 위해 1960년대 중반(Emery & Trist, 1965)에 도입되었다. 그리고 성공적인 조직의 수행 (및 실패한 수행)을 위한 조건이 사회적 요인과 기술적 요인 간 상호작용에 의해 어떻게 의존하는지 설명하기 위해 곧 확장되었다. 이 개념은 작업의 본질과 구성방식 및 관리방식을 극적으로 변화시킨 기술적, 사회적 발전으로 인해 더욱 중요해졌다.

오늘날 일이 어떻게 수행되는지 이해하려면 단일 작업자와 그 도구의 전통적 초점을 3차원으로 확장할 필요가 있다(그림6.1 참조). 지원기술으로부터 조직에 이르기까지 전체 시스템을 포괄하려면 "수직적" 확장이 필요하며, 조직은 지원측(Blunt end)으로 나타낸다. "수평적" 확장은 한쪽 끝의 장비와 인프라 설계에서 다른 쪽 끝의 유지보수 및 최종적인 중단에 이르기까지 수명주기의 더 큰 부분을 포괄하도록 작업범위를 확장할 필요가 있다. 진행 중인 활동은 이전(Upstream)에 무엇이 진행되었는지에 따라 달라지고, 그 이후(Downstream)의 결과에 따라 달라지기 때문에 두 번째 "수평적"확장이 필요하다. 일반적 생산의 한 예로 재고(원자재, 예비품 등)의 필요성을 제거하기 위해 활용된 "적시생산시스템(JIT)" 방법이 있지만, 다른 국가나 대륙에서는 공급업체에 의존하는 비용으로 될 수 있다. 다른 예로써 항공분야의 게이트-투-게이트(Gate-to-gate) 개념 또는 지속적인 개선을 나타내는 KAIZEN 개념 등이 있다.

제6장 - 융합적 변화관리(Synetic change management) **181**

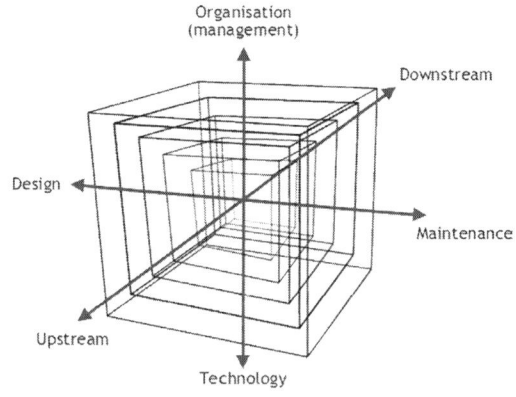

그림6.1 일의 확장된 관점

이러한 발전으로 인해 오늘날의 변화관리는 과거의 시스템보다 크고 다루기 힘든 시스템을 다루어야한다. 고려해야 할 세부사항이 더 많기 때문에 일부 작동모드가 불완전하게 알려질 수 있고, 기능 간의 긴밀한 결합으로 인해 시스템이 설명될 수 있는 것보다 빠르게 변화할 수 있기 때문에 최종결과는 많은 시스템이 지정되지 않거나 다루기 힘들다는 것이다. 제1장에서 논의한 바와 같이 이러한 경우 모든 세부사항에 대한 직무와 행동을 규정할 수는 없는 것이 분명하다. 난제는, 심리적 단편화로 인해 우리는 (다시) 새로운 기술의 전체 범위에 대한 결과를 예상할 수 없거나, 복잡성의 증가로 인해 생산성, 안전성 및 품질을 향상시키려는 시도는 실제로 예상할 수 없다는 것이다(Wright, 2004). 우리의 더 나은 지식에 반하여 완전히 이해하고 제어하지는 못하지만 새로운 시스템과 기술 없이는 아마도 불가능하고 원하지 않는 것을 지속적으로 개발하고 배치한다(그림1.3 참조). 이러한 시스템과 프로세스에 대한 불완전한 이해와 규제는 점차 모든 변화관리의 철학에 도전하는 복잡함(Entanglement)을 야기한다.

모델에 대하여(On models)

융합적 변화관리를 위해서는 여러 우선순위나 관심사가 어떻게 결합되어 있는지, 전체를 형성하거나 구성하는데 서로가 어떻게 필요한지 이해하고 설명할 수 있어야 한다. 이러한 이해를 일반적으로 모델이라고 부르지만 모델로서 구성요소는 선이나 화살표가 있는 다이어그램 이상이어야 한다. 따라서 그림6.2에 표시된 렌더링은 구성요소에 더 정교한 모양과 색상이 주어지더라도 모델이 아니다. 모델의 일반적인 목적은 목표나 대상시스템으로 부를 수 있는 특정하게 선택된 일련의 특성이나 상호의존성을 나타내는 것이다.

모든 모델의 기본적 특성의 정의는 세상의 일부 측면을 보다 추상적인 시스템으로 표현하는 것이다. 연구자는 모델을 적용할 경우, 공식시스템의 일부요소와의 관계를 통해 세상의 대상과 관계를 식별한다.

(Coombs, Dawes, & Tversky, 1970, p.2)

제6장 - 융합적 변화관리(Synetic change management) **183**

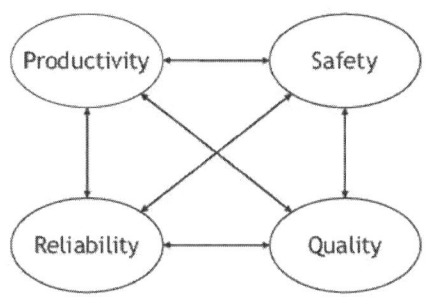

그림6.2 모델이 아닌 다이어그램

특성의 선택은 모델 또는 공식시스템의 목적에 따라 크게 규정된다. 예를 들어, 뇌 모델은 뇌의 외관과 비슷한 모양일 수 있다. 이 경우 재료의 특성이 기능적 측면보다 더 중요하다. 모델은 또한 대상시스템과 동일한 방식으로 기능하여 이해도를 향상시킬 수 있다. 이 경우는, 기능은 중요하지만 재료는 중요하지 않다.

그림6.2의 다이어그램은 화살표나 커넥터가 생산성의 변화가 품질에 미치는 영향, 결과적으로 안전에 미치는 영향 등을 설명하지 않기 때문에 모델이 아니다. 도표는 우리가 이해하려는 것의 구조나 기능을 나타내지 않기 때문에 이러한 종류의 "모델"에서 어떻게 "시스템"이 작동하는지 추론하거나 어떤 변화가 어떤 결과를 가져올지 결정하는 데 도움 받는 것은 불가능하다. 다시 말해서, 시스템에 표현된 내용을 추론하는데 이용할 수 없다. 이것은 간단한 블록다이어그램이나 순서도에서 볼 수 있는 일반적인 문제이다.

변화관리의 경우 모델은 관리할 시스템 또는 조직의 내부 업무방식을 나타내거나 포착하는 역할을 해야 한다. 모델은 원하는 결과로 이어질 개입이나 활동을 선택하기 위한 기초로 내부 "메커니즘"을 이해하는데 도움이 되어야 한다. 항해 비유의 관점에서, 모델은 현재 위치에서 목적지로 이동하기 위해 수행되어야 하는 것을 명확하게 함으로써 적절한 "속도로 선박"을 조종할 수 있도록 해야 한다. 따라서 한 가지 필수요건은 모델의 요소와 이들 간의 관계는 모두 의미가 있어야 한다는 것이다. 그러나 대부분의 모델은 이 점에서 다소 형편없이 실패하게 된다. 예를 들어, 그림 5.2의 PDSA와 같은 접근방식의 플로우차트나 렌더링은 P, D, S, A 간의 관계가 정의되지 않았기 때문에 모델이 아니다. 순서도를 만들고 다양한 요소를 선과 화살표로 연결하는 것은 너무나 쉽다. 그러나 그 연결에 의미가 주어지지 않으면, 결과는 모델이 아닌 그래픽렌더링으로 남는다.

    네 가지 쟁점의 상호관계를 설명하는 모델을 제공하는 첫 번째 단계는 그림4.3에 표시된 것과 같은 인과(Causal) 루프모델이 될 수 있다. 이를 위해서 쟁점은 "상태"와 동일한 방식으로 정의되어야 한다. 그림 6.3의 예에서 "생산성"은 "생산적인 상태" 등을 의미한다.

    모델을 의미 있게 만들기 위해서 수익 또는 더 적절하게는 이익을 나타내는 "시장가치"라는 다섯 번째 실체를 도입해야 한다. 시장가치는 생산성, 안전, 품질 및 신뢰성에 필요한 자원을 제공한다. 이 간단한 모델은 생산성과 품질이 증가하면 시장가치가 증가함을 시사한다. 반대로 둘 중 하나가 감소하면 시장가치는 감소하게 된다. 그림6.3의 모델은 매우 간단하지만, 안전성과 신뢰성이 향상되면 직접적으로 생산

제6장 - 융합적 변화관리(Synetic change management)

성이 향상되고, 품질이 향상되면 간접적으로 생산성이 향상되는 것을 나타낸다. 이것은 분명히 논쟁의 여지가 있지만, 이와 같이 모델의 중요성은 문제가 어떻게 관련되어 있고 서로 어떻게 의존하는지에 대한 가정과 이해를 표현하는 방법을 제공한다는 것이다. 또한 이 모델에 표시된 모든 관계는 정비례한다. 이 의미는, 일단 시작된 긍정적인 발전은 계속해서 스스로를 부양할 것이지만, 신뢰성 감소와 같은 부정적인 발전은 마찬가지로 스스로 부양하여 점차 악화되는 상황으로 이어질 것임을 의미한다. 이것은 비현실적으로 간단하지만, 인과 루프를 사용하여 조직을 관리할 수 있는 방법과 올바른 방향을 유지하기 위해 무엇을 수행해야 되는지에 대해 보다 구체적으로 생각할 수 있다.

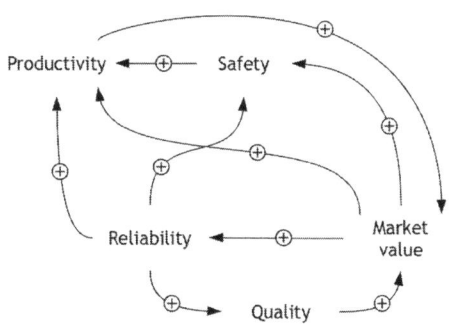

그림6.3 네 가지 쟁점의 인과다이어그램(인과루프모델)

논리적인 다음 단계는 위에서 제안한 것처럼 문제를 상태가 아닌 기능으로 표현하는 것이다. 이는 변화관리와 관련하여 타당할 수 있는데,

다른 결과를 생성하기 위해 어떤 일이 발생하는 방식을 변경하는 것이 목적이기 때문이다. 따라서 변화된 것은 무엇인가 행해진 방식, 즉 활동 또는 일반적으로 기능이다.

기능 모델의 세부사항 개발
(Developing details of a functional model)

기능으로서 네 가지 쟁점에 대한 표현을 개발하는 한 가지 접근법은 기능공명분석방법이다(FRAM; Hollnagel, 2012). FRAM에서, 네 가지 쟁점의 경우는 네 가지 기능을 나타내는 것으로 해석하여, 일이 수행되는 방식(조직의 업무방식 등)에 대한 기능적 모델을 생성하는 방법이다. FRAM의 기본원리는 기능이 무엇인지보다 무엇을 하는지에 의해 설명된다. 그것은 결과물 또는 출력이 무엇인지 그리고 결과물을 산출하기 위해 필요한 것에 의해 설명된다. 따라서 기능 설명에는 일반적으로 입력과 출력을 포함하며, 전제조건, 자원, 제어 및 시간 등 네 가지 다른 측면도 포함될 수 있다. 전제조건은 기능이 시작되기 전에 사실이거나 확인되어야 하는 것을 나타낸다. 자원은 기능을 수행하는 동안 필요하거나 소비되는 것을 나타낸다. 제어는 기능을 수행하는 동안 기능을 감독하거나 제어하는 것을 나타낸다. 그리고 시간은 시간 및 시간적 조건이 기능을 수행하는 방식에 영향을 미칠 수 있는 다양한 방식을 나타낸다.

FRAM의 한 가지 시작방법은 생산성, 품질, 안전 및 신뢰성의 결과물(출력)이 무엇인지 묻는 것이다. 즉, 관련기능의 결과는 무엇이며, 어떤 결과를 가져오며, 제대로 수행하지 않으면 무엇을 놓치게 되는지 확인하는 것이다. 그 다음 생산성, 품질, 안전, 신뢰성에 대한 입력이 무엇인지 물을 수 있다. FRAM에서 입력은 전통적인 의미의 입력, 즉, 기능에 의해 처리되고 변화되는 것을 나타내고, 기능을 촉발시키거나 시작하는 조건을 나타낸다. 전제조건, 자원, 제어 및 시간측면에 대해서도 동일한 절차를 수행할 수 있다. 이러한 질문을 함으로써 네 가지 쟁점을 실제 기능이나 활동으로 수반하는 것은 무엇이며, 따라서 어떻게 상호의존적일 수 있는지 점차 명확해질 것이다. 그림6.4는 이것이 무엇을 가져올 수 있는지에 대한 모든 세부사항은 다루지 않고, 단지 의도적으로 단순화된 렌더링이다.

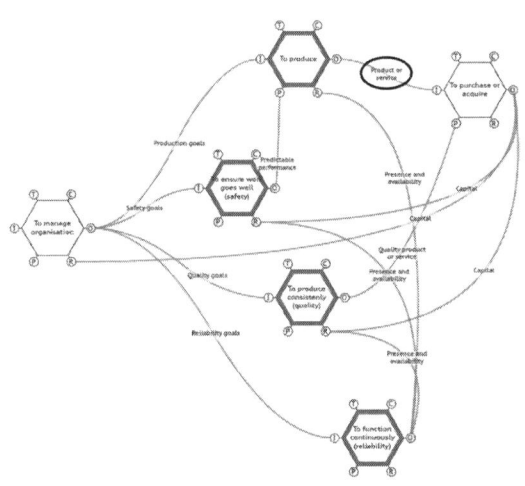

그림6.4 FRAM모델의 네 가지 쟁점

그림6.3과 6.4는 여러 가지 중요한 차이점이 있다. 우선, 육각형으로 표시한 부분은 상태나 대상이기보다 기능 또는 활동이다. 그림6.3에서 "시장가치"로 명명된 실체는 그림6.4에서는 "구입 또는 취득"이라고 한다. 생산물의 출력(결과물)은 시장가치를 지닌 제품이나 서비스이며 따라서 고객이 구매하거나 획득하고자 하는 것이다(그림6.4의 검은 타원형은 "생산을 위한" 기능의 출력을 강조하는 역할만하며 의미론적 요소가 아니다). 그림6.4에는 "조직관리"라는 추가기능도 포함되어 있다. 이것은 훨씬 더 자세히 설명되어야 하며, 조직의 관리와 모델을 설명하는 역할을 하는 변화이므로 여러 추가기능으로 확장되어야 할 필요가 있다. 그림6.4 모델은 쟁점 간의 관계에 대한 설명을 개발할 수 있는 방법과, 이것이 어떻게 조직의 기능을 이해하는데 도움이 될 수 있는지를 보여준다. 세부사항이 많지 않고 개략적이므로 쉽게 질문과 논쟁을 불러일으킨다. 하지만 그것이 바로 모델의 목적이기도 하다. 기능과 그 관계성을 의미 있는 방식으로 설명함으로써 모델이 적합한지 또는 정확한지 의문을 가질 수 있다. 그러나 이러한 의문은 그림6.2에 표시된 것과 같은 "모델"에서는 불가능하다.

초점의 단편화 극복(Overcoming fragmentation of foci)

초점의 단편화를 극복하기 위해서 문제점과 이슈를 개별적으로 보지 말고 함께 보고 처리하는 방법을 찾아야 한다. 그림6.3과 6.4에 표시된

제6장 - 융합적 변화관리(Synetic change management)

예는 이것이 어떻게 수행될 수 있는지에 대한 아이디어를 제공한다. 시스템 전체가 아닌, 사일로 내부나 전문분야 내에서만 계속 생각하는 한 세상은 관리할 수 없는 상태로 남을 것이다. 융합화(Synesis)는 이것이 어떻게 이루어질 수 있는지를 보여준다.

역사적으로 단편화된 초점을 극복할 수는 있지만, 단편화의 심리적 이유를 극복하는 것은 쉽지 않다. 우리의 정신이나 두뇌는 단편적인 방식으로 직면한 세계를 이해하며 추론하고 분석하는 것이 자연스럽고 거의 피할 수 없기 때문이다. 그렇게 하는 것은 우리의 편안한 영역 또는 세상을 인식하고 이해하는 자연스러운 방법, 즉 우리가 하는 일, 경험하는 일 그리고 우리가 직면한 것을 규정한다. 심리적 요인으로 인한 단편화를 극복하기 위해서는 편안한 영역에서 벗어나야 한다. [대조적으로, 많은 사람들은 편안한 영역에 머물기 위해 인지작업부하(Cognitive workload)를 줄이려고 최선을 다해 노력해 왔다. 유감스럽게도 이 해결책은 문제는 해결하지 않고, 인터페이스와 상호작용인 전경에서 배경(Background)으로만 이동시키기 때문에 그 자체로 해결이 불가능하다.] 편안한 영역을 떠나려면 신중한 노력이 필요하며 그것이 필요하게 되더라도 지속적으로 할 수는 없을 것이다. 아이러니한 것은 심리적 단편화 결과, 즉 세상의 복잡함이 증가함에 따라 그 원인을 극복해야할 필요가 있다는 것이다. 동시에 단편화의 본질이나 이유는 일부 혁신적인 것들은 제외하고, 인간 마음이 작동하는 방식에 있어서는 예상 밖의 개선을 극복하는 것이 불가능하다.

6-3 범위의 단편화 처리
(Dealing with the fragmentation of scope)

극복해야 할 두 번째 문제는 범위의 단편화이다. 이는 전체 부분의 문제 또는 시스템 주변의 문제로 설명할 수 있다. 실제로 이는 시스템 전체가 아니라 시스템의 일부 또는 부분 집합을 다루기로 선택했다는 의미이다. 분명히 잘못 규정된 개념이다. 초점의 단편화와 함께 시스템의 일부를 하나의 관점으로만 본다는 것이다. 범위의 단편화를 수용하기 위한 실용적 정당성은 문제가 있는 조직의 부분집합 또는 일부(예: 특정부서 또는 조직단위), 특정 관심사(예: 통신), 특정 사람이나 역할 등을 다루는 것으로 충분하다는 것이다. 관행적인 접근방식은 일시적으로 더 좁은 경계를 정의한다. 이 경계는 지엽적 맥락에서는 문제를 포함하지만 다른 모든 것을 주변 환경의 일부로 간주한다. 일반적으로 이것이 합리적인지 완전히 이해하지는 못하더라도, 고려되는 변화의 범위를 인위적으로 제한한다.

동태(Dynamics 動態)

변화나 개선을 계획할 때마다, 우리는 어떤 일이 일어날지 알고 있으며, 특히 (일시적) 경계선 내부 또는 주변에서 의도한 변화의 결과를 위태롭게 할 수 있는 예상치 못한 일이 발생하지 않을 것이라고 암묵적으로 가정한다. 후자는 물론 제4장에 설명된 다른 모든 조건은 동일하다(Ceteris paribus)는 가정에 해당한다. 이는 작업환경에서 혁신과 변화의 속도가 상대적으로 느렸던 한 세기 전 산업에서는 합리적 가정이었을 것이다. 또한 변화를 시작하는 동안 작업 프로세스 및 작업조건에 영향을 미칠 수 있는 다른 일들은 발생하지 않는다고 가정하는 것이 합리적이었다. 그러나 오늘날 동일한 가정은 합리적으로 이루어질 수 없다. 반대로, 변화는 시스템 내부에서, 또한 더 중요한 것은 그 주변에서 항상 발생한다. 임시 경계선에 의해 규정된 "국소적"인 시스템 자체가 안정적이라고 가정될 수 있도록 변화의 범위를 좁히거나 제한할 수 있다. 그러나 범위의 제한은 주변에 더 많은 것이 포함되어 있다는 것을 의미하며, 이는 변화가 일어날 가능성이 더 높다는 것을 의미한다. (제거될 수 없고 분배만 되는 엔트로피와 같다.) 대체로 주변에서 일어나는 변화는 예측할 수 없고 대부분 제어할 수 없으며, 계획된 변화와 개선보다 훨씬 큰 영향을 미치므로, 다른 모든 조건은 동일하다는 원리의 진실성은 더 이상 당연한 것으로 받아들여질 수 없다. 초기의 소박한 대응은 조건에 대해 더 큰 제어력을 발휘하려고 노력하지만 소용이 없게 된다.

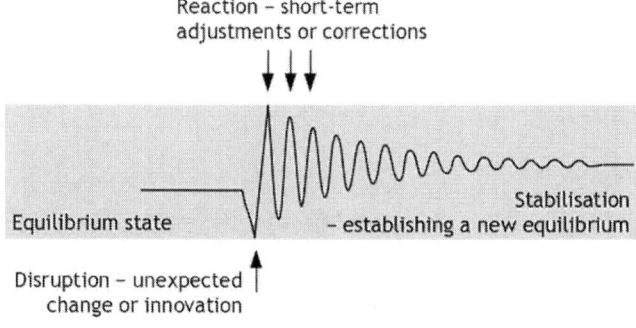

그림6.5 균형-방해-균형

 변화가 시작될 때 한 가지 중요한 조건은 시스템의 성능이 상대적으로 안정적이거나 균형 상태라는 것이다(이 상태가 허용가능하다는 것을 의미하지 않는다. 그렇다면 변화가 필요하지 않다). 변화를 도입하는 것은 분명히 균형에 영향을 미칠 것이며, 그 균형을 방해하거나 지장을 줄 가능성이 있다. 그러나 희망은, 얼마 후 시스템이 의도한 방향과는 다른 새로운 균형 상태에 놓이게 되는 것이다. 시간이 얼마나 걸릴지는 예측하기 쉽지 않다. 일반적으로 예상되는 것보다 더 오래 걸릴 것으로 예상된다. 이상적인 전개는 그림6.5와 같이 나타낼 수 있다. 그림 6.5는 이러한 변화가 독립적으로 일어나는 것을 보여주고 있지만, 계획된 변화만이 조직에서 일어나는 것은 아니다. 범위가 축소되어 다른 변경사항이 계획에서 제외되는 경우에도 이러한 변경사항은 "로컬" 시스템 외부에서 발생한다. 따라서 상황은 그림 6.6에 표시된 것과 같다.

제6장 - 융합적 변화관리(Synetic change management)

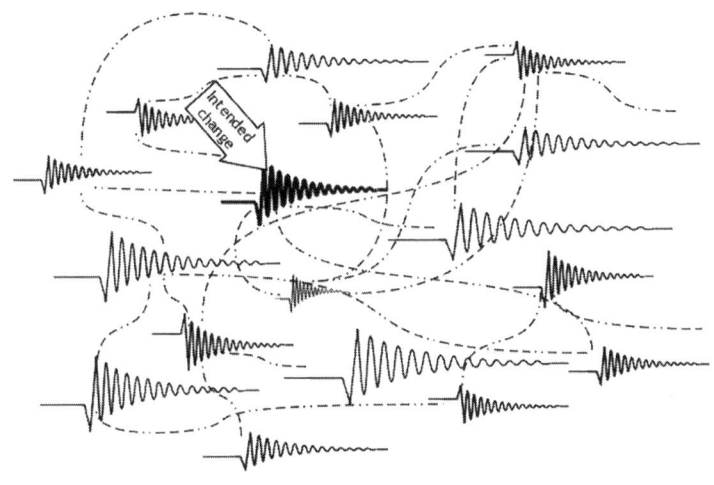

그림6.6 변화의 바다

의도된 변화는(굵은 표시) 시스템 전체에서 발생하는 많은 변화 중 하나일 뿐이다. 일부는 이전에, 또 일부는 시간이 중첩되며 일부는 이후에 발생한다. 한 가지 문제는 얼마나 많은 변화가 동시에 발생하는지 아무도 모른다는 것이다. 잠재적으로 더 심각한 두 번째 문제는 이러한 여러 변화가 직간접적으로 서로 어떻게 영향을 미칠 수 있는지 아무도 모른다는 것이다. 변화는 제어할 수 없고 예측할 수도 없으며 심지어 더 나쁜 경우에는 종종 무시되기 때문에 의도된 변화를 효과 없게 만들 수도 있다. 따라서 선택한 경계 밖에서 일어날 수 있는 일을 가능한 한 잘 이해하고 그것과 시너지효과를 창출할 방법을 찾는 것이 현명한 일이다.

의도한 변화나 시그널에 비해, 주변 환경의 변동성은 시그널보다 더 강할 수 있는 노이즈의 원인으로 볼 수 있다. 단순히 시그널(의도한 변화)을 강화하거나 증폭하는 것은 해결책이 될 수 없으므로, 시그널과 노이즈를 결합할 수 있는지 확인하고 노이즈를 이용하여 시그널을 증폭하는 것이 대안이다. 노이즈가 임의적이거나 확률적이지 않기 때문에 이 대안은 원칙으로나 실제로도 가능하다. 주변은 균일한 회색덩어리가 아니라, 주변 환경과 시스템의 정의가 관점에 따라 달라지는, 다른 시스템들의 집합체이다. 사람들의 모임에서 각 사람은 자신의 위치에서 "나"이고 나머지는 "타인"이다. 같은 방식으로 각 시스템은 다른 시스템의 집합체를 주변으로 간주한다. 각 시스템이 스스로 유지하는 것이 각자의 이익에 부합하기 때문에, 시스템의 변동성은 처음에는 임의적으로 볼 수 있지만, 자체적인 관점에서는 의도적이다. 의도적이기 때문에 원칙적으로 일어날 수 있는 일을 예측하는 것이 가능해진다. 즉, 노이즈의 규칙성 또는 패턴이 의도한 목적을 위해 사용될 수 있는 "시그널"로 인식될 수 있음을 의미한다. 변동성이 어느 정도 인식할 수 있는 질서나 규칙성을 갖고 있는 한, 조직구조나 변화를 위한 발판역할을 할 수 있다. 이에 대해서는 제7장에서 자세히 설명한다.

코러클 배(The coracle)

소설 보물섬에서 스티븐슨(R. L. Stevenson)이 말한 것처럼, 주변 노

제6장 - 융합적 변화관리(Synetic change management)

이즈를 어떻게 극복할 수 있는지에 대한 설명으로 짐 호킨스가 코러클 배를 조종하는데 어려움을 겪는 이야기를 생각해보자. 영창에서 몰래 빠져나온 호킨스는 코러클을 이용하여 히스파니올라 섬으로 노를 저어가려했다. 문제는 코러클이 제어하기 매우 어려웠고 의도한 방향으로 노를 젓는 것이 완전히 불가능하다는 것을 알게 되었다. 그것은 "인간이 만든 최초이자 최악의 코러클"로 묘사되었다(Stevenson, 1969; org. 1883, p.139). 기동성 측면에서 보면 "가장 결이 불규칙하고 한쪽으로 기울어진 공예품이었다. 그 배는 항상 다른 어떤 것보다 더 많은 여유를 가졌고, 빙글빙글 도는 것을 가장 잘하였다. ... 확실히 나는 그 배의 길을 알지 못했다. 그 배는 내가 가야할 길을 제외한 모든 방향으로 돌았고 대부분의 시간동안 뱃전을 돌리고 있었다"(Ibid., p. 41). 그러나 호킨스가 서서히 깨달은 것은, 코러클이 그 자체로 내버려두었을 때 쉽게 파도를 타면서 "조금 튀어 올라, 스프링처럼 춤추고, 새처럼 가볍게 다른 물마루 골로 내려앉았다"(Ibid., p.147). 그러나 노를 저을 때는 잘 나아가지 않았다.

나는 곧 매우 대담해지기 시작했고, 노 젓는 기술을 시도하기 위해 자리에 앉았다. 그러나 무게 배치를 조금만 변경해도 배는 격렬히 요동쳤다. 나는 배 앞에서 거의 움직이지 않았고, 배는 부드러운 춤 동작을 단숨에 포기하고, 나를 어지럽게 만들 정도로 가파른 파도 비탈을 달려 내려갔다. 그리고는 다음 파도의 깊은 골에 물보라를 뿌렸다.

(Ibid., p.147)

다르게 말하면, 시그널의 강도인 노 젓기는 노이즈의 영향, 즉 바다와 파도를 따라 움직이는 코러클의 독특한 방식을 극복할 수 없었다. 혼자 노를 저어 코러클의 경로를 제어하려는 모든 시도는 소용없다는 것을 깨달은 호킨스는, 마침내 자신이 무엇을 할 수 있는지 깨달았다.

"자, 이제 내가 있는 곳에 누워서 균형을 잡으면 안 되는 것이 분명해. 하지만 노를 옆으로 넘기고 때때로 파도가 평탄한 곳에서, 섬을 향해 배를 한두 번 밀어주는 것이 분명해." 라고 혼자 생각했다. 생각하자마자 나는 팔꿈치를 짚고 누워, 배 머리를 해안으로 돌리기 위해 한두 번 가볍게 쓰다듬었다.

(Ibid., p.150)

그럼에도 불구하고 그가 계획한 목표인 우즈곶(Cape of the Woods)에 도달하는 것은 포기해야했고, 그 대신 히스파니올라 호를 타는 것으로 끝이 났다. 그리고 그 후에 무슨 일이 일어났었는지는 우리 모두 알고 있다.

또다시 시그널과 노이즈 (Signal and Noise - again!)

변화관리에서, 규정에 따라 계획된 변화는 시그널이며, 시그널을 왜곡

제6장 - 융합적 변화관리(Synetic change management)

하거나 차단할 수 있는 다른 모든 것은 노이즈로 간주한다. 종래의 해결책은 결국 시그널이 우세할 것이라는 확고한 믿음에서 가능한 한 노이즈를 규제, 제거 또는 무시하는 것이다.

그러나 융합적(Synetic) 변화관리는 규제할 수 없는 변동성 또는 노이즈가 항상 있음을 인식하는 것으로 시작한다. 따라서 그 본질을 이해하고 특히 규칙성을 찾는 것이 필수적이다. 사회-기술시스템에서 수행(Performance) 변동성이 처음에는 무작위로 보일 수 있지만, 실제로는 그렇지 않다. 변동성은 사람과 조직 모두가 일상적 기능의 일부로서 수행하는 근사조정(Approximate adjustments) 때문에 일어난다. 이러한 조정은 목적이 있기 때문에 상대적으로 인식 가능한 발견법(Heuristics)이나 손쉬운 방법들(Shortcuts)로 어렵지 않게 인식할 수 있다. 즉, 수행 변동성은 반규칙적(Semi-regular)이거나 반순서적(Semi-orderly)이기 때문에 부분적으로 예측도 가능하다. 주변 환경 및 다른 사람들의 변동성에는 어떻게 반응하는지 등을 포함하여, 사람들의 행동방식에는 규칙성이 있다. 그것 없이는 어떤 조직도 기능할 수 없을 것이다.

그러나 목표는 시그널의 영향을 강화하기 위해 노이즈를 억제하거나 평정하는 것이 아니다. 물론 의도된 변화는 여전히 실행되어야하지만, 때로는 노이즈가 의도한 시그널보다 더 강할 수 있으며, 단순히 통과하려는 방법은 효과가 없다는 것을 인식할 필요가 있다. 명백한 대안은 시너지적(Synergistic) 방식으로 변동성 또는 노이즈를 이용하는 것이다.

달에 로켓을 보내는 것과 같은 우주임무에서 비유를 찾을 수 있다. 간단한 해결책은 베른(Jules Verne)의 저서 "지구에서 달까지"에서처럼 단순히 거대한 대포를 만들고, 컬럼비아드 우주총을 만들어 달을 겨누거나, 발사체가 도착할 때 달이 있을 것이라고 생각하는 곳을 향해 발사하는 것이다. 그러나 실제 해결책은 중력을 직접적으로 극복하려고 시도하는 것이 아니라 다른 행성과 같은 천체들의 상대적인 움직임과 중력이 우주선의 경로와 속도를 변화시키는 슬링샷(Slingshot)항법을 이용하는 것이다. 이것은 천체의 중력이 질서정연하고 예측 가능하기 때문에 가능하다. 이와 마찬가지로, 조직에 무차별적인 변화를 가하는 것보다, 우리가 원하든 원하지 않든, 어차피 일어날 상황과 변화를 활용하는 것이다. 그러므로 변화를 위한 계획은 주변에서 일어날 수 있는 일을 포함하여, 변화/개선이 일어날 수 있는 조직에 대해 가능한 한 잘 이해하는 것으로부터 시작해야한다. 짐 호킨스가 코러클에서 했던 것처럼 노이즈의 규칙성이나 패턴을 찾아서 이를 이용하여 목표를 달성해야한다. 우리는 가고자하는 곳으로 당장 도달하지는 않더라도 그들과 싸우기보다는 "자연적(Natural)"인 세력과 함께 협력할 필요가 있다. 이를 위해서는 파동이 어떻게 발생하는지에 대한 좋은 기능적 모델이 필요하며, 이것은 우리가 제한된 범위 밖에서 어떤 변화가 일어날지 결정할 필요가 있다는 것을 의미한다. 이 또한 초점의 단편화를 극복하기 위해 사용되는 것과 동일한 기술과 방법을 적용함으로써 수행될 수 있다.

범위의 단편화 극복(Overcoming fragmentation of scope)

범위의 단편화를 극복하기 위해서, 시스템과 주변 환경 사이에 명확한 경계를 정의하는 것, 즉 쉽게 인식할 수 있는 명확한 구분이 정의되어 있다고 가정하는 것은 불가능하다는 것을 인식할 필요가 있다. 또한 경계를 더 좁고 밀접하게 만들어 범위를 축소하는 것은 효과가 없음을 인식해야 한다. 실제로 변동성이나 노이즈를 제거하는 것이 아니라 주변으로 밀어 넣기만 할뿐이며, 시스템을 이해하기가 더 어려워진다.

물론 대형 계획을 세우고 짧은 기간을 넘어 야심찬 목표를 갖는 것은 잘못된 것이 아니다. 대규모 계획 없이 진정한 개발이나 혁신은 있을 수 없으며, 국지적이고 일시적인 조정만으로는 주도권을 상실할 수 있다. 그러나 큰 계획을 실현하기 위한 유일한 방법으로 큰 발걸음에 의존하는 것은 바람직하지 않다. 큰 발걸음을 구현하는 데는 오랜 시간이 걸리며 어떤 결과가 나오기까지는 훨씬 더 오래 걸릴 수도 있다. 마침내 변화가 일어나도 그 결과가 수행된 작업 때문인지 또는 같은 시간에 발생한 다른 작업 때문인지 알 수 없거나 이해가 불가능하다. 큰 걸음에는 큰 투자가 필요하기도 하며, 사람들은 몰입상승효과(Escalation of commitment, Lofquist & Lines, 2017)로 알려진 큰 투자에 계속 전념하는 경향이 있지만, 이는 추가적인 진전을 왜곡할 수도 있다.

분명한 대안은 (대, 중, 소)계획을 작은 단계를 통해 구현하는 것이다. 즉, 장기목표를 더 빨리 도달할 수 있는 단기 하위목표로 나누는 것을 의미한다. 효과(및 영향)가 전파되는 데는 시간이 걸린다. 단계가 작거나 간단한 경우(즉, 기간이 짧으면) 주변 환경이 변화의 영향을 받지 않거나 단계에 영향을 미치지 않고 안정적으로 유지된다고 가정하는 것이 더 타당하다. 시스템/주변의 규정은 상호적이기 때문에 주변 환경에도 동일한 주장이 적용될 수 있다. 하위목표를 달성하기 위한 예상 시간은 다른 규제되지 않은 변화 사이의 평균시간보다 더 짧게 선택되어야한다. 그렇게만 할 수 있다면, 작은 변화가 일어나는 동안 주변 환경은 사실상 안정된 것으로 여겨질 수 있다는 것을 의미한다. 코러클 스토리에서 짐 호킨스는 실제로 변화를 일으킬 수 있는 평탄한 곳에서만 노를 저었다. 주의해야 할 주변 환경의 변화는 시장개발, 고객 선호도, 경기순환이나 교란, 정치적 변화(예: 선거) 등이 될 수 있다. 대부분의 경우 사람들은 언제 어디서 어떤 종류의 일시적 안전성이 발생할 수 있는지, 또는 반대로 그 가능성이 거의 없는지에 대해 매우 잘 이해할 것이다. 그렇지 않다면 그러한 것들을 알아내려고 노력해야한다.

주변 환경에서 상대적 안정성의 기간 또는 간격에 해당하는 단계의 크기를 선택함으로써, 관찰된 변화는 다른 것이 아니라 선택한 개입의 결론이나 결과일 것으로 예상할 만한 충분한 이유가 있다. 그런 다음 이러한 관찰을 이용하여 더 큰 목표를 재평가하고 다음 작은 단계가 무엇이어야 하는지를 고려할 수 있다. 이것은 실제로 레빈의 단계 사이클과 유사하지만 사이클이 얼마나 길어야하는지에 대한 일종의 지침이 있다. 단계의 규모나 기간을 결정할 수 있는 다른 요소로는 당연히 프로세스 특성, 필요한 노력과 투자, 실질적으로 실행 가능한 항목 및 조직이 수행하는 다른 작업과의 적합성 등이다.

작은 단계를 의도적으로 이용하는 것을 기술적으로 점진주의라고 알려져 있는데, 이는 큰 비용이 드는 급격한 이동 대신 점진적인 작은 변화를 이용하여 프로젝트를 추가하는 방법이다. 이는 프로세스의 단계가 합리적이라는 것을 의미한다. 즉, 단계가 합리적으로 잘 이해될 수 있을 만큼 충분히 작고 기간도 짧아서 이를 수행하는 동안 다른 중요한 일이 발생하지 않는다고 가정하는 것이 합리적이라는 의미이다. 점진주의는 린드블롬이 개발한 합리적 행위자 모델과 제한된 합리성 간 타협점인 "그때그때 필요한 조정 해내기(Muddling through)"를 설명하는 또 다른 방법이다. 이와는 대조적으로, "비점진적 정책제안은 보통 정치적으로도 무관할 뿐만 아니라 그 결과도 예측할 수 없다"(Lindblom, 1959, p.85).

6-4 시간의 단편화 처리
(Dealing with the fragmentation in time)

세 번째 유형의 단편화는 시간에 관한 것이다. 변화를 계획하는데 필요한 단계는 시작시점과 종료시점 측면에서 기간을 추정하는 것이다. 변화의 목적이 특정 결과나 성과를 보장하는 것이기 때문에 종료시점이 특히 중요하다. 분명히 어느 시점에 확고하고, 아마도 영구적으로 확립되었을 것이라고 가정한다. 오늘날의 비즈니스와 생산 환경에서는 성공적인 결과를 선언할 수 있도록 변화결과를 측정할 수 있는 시점이 있다는 것이 훨씬 더 중요하다. 언제 그런 일이 일어날 수 있는지에 대한 판단은 가능한 한 사실에 근거해야하지만 그렇지 않은 경우가 많다. 프로세스와 활동은 불연속적이기보다는 연속적이지만 실제로는 새로 전개된 국면을 더 작은 시퀀스나 "시간대(Time windows)"로 나누고 관심 있고 중요한 모든 것이 이시간대 내에 발생한다고 가정한다. 이로 인해 주의해야 할 사항이 제한되거나 줄어들어 확보되어야 하는 자원과 투자가 제한된다는 것이 큰 장점이다. 그러나 그 전개기간 내에서도 우리는 그것을 더 작고 분리된 단계로 나누는 경향이 있다. 이것은 선형적 인과관계의 유산에 의해 부분적으로 정당화된다.

선형적 인과관계(Linear causality)

변화를 만드는 것은, 명확하고 예측 가능한 결과를 가진 원인을 주입하는 것이 아니라 평형 상태를 왜곡하거나 방해하는 것(예: 그림6.5)으로 볼 수 있다. 다른 문화에서도 마찬가지지만 서양철학에서 인과관계의 개념은 어떤 일이 왜 어떻게 일어나는지를 설명하는 기본 방법이다. 아리스토텔레스는 형이상학(Book v, Part 2)에서 원인을 "변화의 시작 또는 변화로부터 휴식이 처음 시작되는 것... 일반적으로 생산자는 형성된 원인과 변화의 생성을 만든다"라고 정의했다. 18세기 스코틀랜드의 철학자 흄(David Hume)은 원인과 결과를 판단하기 위한 여덟 가지 규

제6장 - 융합적 변화관리(Synetic change management)

칙을 제시했으며, 다음은 그 중 네 가지이다.

1. 원인과 결과는 시공간에서 연속적이어야 한다.
2. 원인은 결과 이전이어야 한다.
3. 원인과 결과 사이에 일정한 결합이 있어야한다. 주로 이런 자질로 인해 관계가 형성된다.
4. 동일한 원인은 항상 동일한 결과를 만들고, 동일한 원인이 아니라면 동일한 결과는 결코 일어나지 않는다.

(Hume, 1985; org. 1739-40, p.223)

이러한 규칙들은 적어도 18세기에는 의심할 여지없이 합리적이었지만 오늘날의 세계에는 분명히 합리적이지 않다. 그럼에도 불구하고 생산, 품질 및 안전과 관련하여 부정적 상황 및 기타 형태의 원치 않는 결과에 대해 우리가 어떻게 대처하는지 쉽게 인식할 수 있다.

인과관계라는 개념 자체가 연속적인 상황의 흐름을 부분, 조각 또는 단편으로 나누는 역할을 한다. 시간의 단편화는 선형성과 추적성(제1장에서 논의된 시스템은 다루기 쉽다)을 가정한다. 이러한 가정이 올바르면 지정된 기간 내에 단계를 개별적으로 고려할 수 있다. 그러나 가정이 틀리면 이것은 이루어 질수 없다. 비록 편리할지라도 불변의 순서는 말할 것도 없고 행동이 순차적으로 일어날 수 있다는 가정으로부터 시작할 수는 없다. 행동은 일부 변화를 가져오기 위한 것이므로 결과는 개별 행동과 1:1 관계가 아니라는 의미와, 행동(또는 기능)은 전제조건이 있거나 자원을 필요로 할 수 있다는 의미에서 행동은 서로에게 어떻게 의존적인지를 이해하는 것으로부터 시작해야 한다. 더 중요한 것은, 언제 어디에서 개입의 결과를 기대할 수 있는지를 이해할 필요가 있다.

　이러한 맥락에서 흄 생각의 중요성은, 첫 번째 규칙에 의해 서술된 원인과 결과는 시간의 단편화에 대한 정당성을 효과적으로 확립하기 때문에 시공간에서 연속적이다. 원인과 결과가 시간상 연속적이라면 제한된 시간 내에 변화를 고려하는 것이 합리적이다. 선형적 인과관계가 가정되면 개입의 결과물을 예측하고 변화의 초기 또는 근본 원인을 결정할 수 있으므로 더욱 합리적이다. 이 주장에 대해 불행히도 시간의 연속성은 더 이상 유지되지 않는다. (범위의 단편화와 관련하여서도 첫 번째 규칙은 중요하다. 이는 원인과 결과가 공간에서 가깝게 있어야한 다는 점을 강조하기 때문이다. 혼돈이론[Chaos theory]은 이것이 항상 유효한 규칙이 아니라는 것을 설득력 있게 입증했다.)

　전통적 인과관계 사고방식의 한 가지 문제점은 영국 철학자 루이스(George Henry Lewes, 1817~1878)가 제시한 발현(Emergence) 개념이다. 그는 결과적 결과와 발현적 결과의 구별을 주장하며 다음과 같이 서술했다.

각 결과는 요소들의 결과, 요인들의 결과물이지만, 결과물 각 요인의 작동모드를 보기위해 프로세스 단계를 항상 추적할 수는 없다. 이것을 발현적 결과(Emergent effect)라고 부른다. 이것은 결합된 주체들로부터 발생하지만, 활동하는 주체를 나타내지는 않는 형태이다.

제6장 - 융합적 변화관리(Synetic change management)

(Lewes, 1875, p.368)

발현의 개념이나 아이디어는 전체는 부분의 합보다 크다는 개념에 해당한다. 변화관리와 관련하여 이는 단순히 관찰된 결과의 원인을 확인하거나 찾는 것이 항상 가능한 것은 아니며, 반대로 일련의 원인의 결과를 예측하는 것도 항상 가능하지는 않다는 것을 의미한다. 이는 주어진 시간대에 작동하기로 선택한, 시간 단편화의 결과에 분명히 영향을 미친다. 그 시간대에 발현적 결과가 발생할 것이라고 확신할 수 없기 때문이다. 눈에 띄는 결과가 없으면 피드백이 없으며 피드백 없이는 변화를 관리할 수 없다.

안타깝게도 두 번째로 상당히 큰 문제가 있는데 에르빈 슈뢰딩거(Erwin Schrödinger)의 얽힘(Entanglement) 개념이다. 이것은 둘 이상 대상체의 양자상태가 공간적으로 분리되어 있어도 서로에 대해 설명되어야하는 양자역학적 현상이다. 양자이론에서 이것은(아인슈타인은 "유령 같은 원격작용[Spooky action at a distance]"으로 언급했다) 상대성이론에 의해 암시된 정보의 전송속도 제한을 위반하더라도 시스템의 관찰 가능한 특성 간 상관관계가 있을 수 있음을 의미한다. 얽힘은 거시적 세계에서 실제 현상은 아니지만, 이 개념은 다루기 어렵고 추적이 어려운 수준을 넘어 발전한 사회-기술시스템을 특징짓는 방법을 제공한다. 변화관리와 관련하여, 얽힘은 갑자기 발생하는 것처럼 보이고("유령같이") 예상보다 훨씬 빠르거나 훨씬 느리기 때문에 전통적인 개념을 거스르는 효과가 어떻게 나타날 수 있는지를 묘사하기 위해 직접적인 의미라기보다 유사한 의미로써 사용된다. 얽힘 현상은 페로우가 설명한 복잡성을 뛰어 넘는 단계임에도 불구하고 발현적 결과와 복잡성은 페로우의 복잡계 시스템 및 비선형적 결과에 대한 아이디어(Charles Perrow, 1984)와 일치한다. 전체적으로 이것은 시간의 단편화를 매우 신중하게 처리해야 함을 의미하며, 작고 잘 규정된 시간대에 대한 변화를 제한하면 예기치 않은 결과/효과를 초래할 가능성이 있다.

시간이 걸리다(Things take time)

1846년 영국 과학자 패러데이(Michael Faraday)는 런던왕립학회에서 금요저녁 강연회를 열었다. 이 강연의 일부로 그는 청중에게 다음과 같은 사고실험(Thought experiment)을 요청했다.

지구가 갑자기 태양으로부터 적당한 거리에서 떨어지면 어떻게 될까? 태양은 지구가 거기에 있었다는 것을 어떻게 알까? 지구는 태양의 존재에 어떻게 반응할까?

(Gribbin, 2003, p.423)

패러데이는 당시의 생각보다 훨씬 앞서있었던 힘의 장(Force fields)에 대한 그의 아이디어를 뒷받침하기 위해 사고실험을 이용했다. 현 상황에서 사고실험은 변화가 효력을 발휘하는데 걸리는 시간을 설명하기

제6장 - 융합적 변화관리(Synetic change management)

위해 사용될 수 있다. 갑자기 지구를 태양계의 적절한 위치에 두는 것처럼, 시스템이나 조직에서 작업 수행방식에 대한 변화와 같은 개입이 이루어질 때 어떤 일이 발생할지 생각한다. 이와 같은 변화(새로운 규칙, 새로운 장비, 새로운 작업방식, 새로운 우선순위 등)는 작업을 수행하는 사람들의 기존 규범과 습관에 즉시 영향을 받는다. (이것은, 성공적인 변화의 첫 단계는 기존의 규범과 습관을 고정 해제하는 것이어야 한다고, 레빈이 제안한 이유 중 하나이다.) 그들은 지구가 태양과 다른 행성들로부터의 영향을 즉시 "인식"하는 것처럼, 확립된 일상과 관행에 따라 변화를 받아들이고 해석할 것이다. 그러나 태양이 갑자기 지구가 나타났다는 것을 "인식"하기까지 시간이 걸리듯, 다른 사람들과 조직의 다른 부분들이 변화를 인식하거나 영향을 받기까지는 시간이 걸릴 것이다. 패러데이의 사고실험에서는 중력속도에 의해 결정되기 때문에 얼마나 걸리는지 정확히 말할 수 있다(패러데이 시대에는 알려지지 않았다). 그러나 조직에 개입하는 경우, 그 효과가 어떤 "속도"로 전파될지는 아무도 모른다. "뉴스" 또는 루머와 같은 일부 효과는 대부분 알려지지 않은 채널과 링크를 통해 매우 빠르게 확산될 수 있다. 문화의 불분명한 변화와 같은 다른 효과는 시간이 오래 걸리지만 얼마나 오래 걸리는지는 아무도 정확히 알지 못한다. 그리고 중력속도와 빛의 속도와는 달리, 조직변화에 따른 일반적인 효과의 전파속도에 대해서 그 수와 성질은 누구도 예측할 수는 없지만, 하나가 아니라 무수히 많을 것이다.

덴마크의 초등학교에서 교육을 개선하려는 야심찬 시도가 변화 가능성의 기간을 이해하는데 얼마나 관심을 기울이지 않았는지를 보여주는 최근의 예가 있다. 2014년에 학생들이 덴마크어와 수학에 더 능숙해질 수 있도록 학교개혁이 시행되었다. 개혁의 6가지 기본요소는 수업 수 증가, 지원교육, 신체운동 및 연습, 열린학교, 숙제도움, 교육자의 역할설명 등이었다. 2019년에는 약 10,800명의 교사, 2,300명의 교육자, 1,500명의 학교지도자의 응답과 덴마크 통계청 및 400,000명 이상의 학생 등록데이터를 사용하여 개혁의 효과를 분석했다. 결론은 학생들이 덴마크어와 수학에 더 능숙해지지 않았다는 것이다. 왜 기대되는 성과를 찾을 수 없는지에 대한 다소 격앙된 토론에서, 개혁을 지지했던 한 정당은 이 같은 학교개혁이 완전히 시행되기까지 5~15년이 걸릴 수 있다고 지적했다. 그러나 개혁이 시작되었을 때 아무도 그것을 걱정하지 않았던 것 같다. 그렇지 않다면 개혁이 시작된 지 5년이 채 안 되는 2019년에 소위 최종평가를 수행하지는 않았을 것이다.

시간 단편화의 최소화(Minimising fragmentation in time)

원칙적으로 초점과 범위의 단편화를 극복하는 것은 원론적으로 가능하지만, 시간의 단편화를 극복할 원칙이나 접근방식을 찾기는 쉽지 않다. 그 이유는 조직이 장기간에 걸쳐 어떻게 발전하는지 이해하기 어렵기 때문만은 아니다(물론 변화관리에 필요한 세부정보를 제공하지 않고 눈에 띄는 과거의 경향에만 국한되지 않는 한). 또한 제한된 기간

제6장 - 융합적 변화관리(Synetic change management)

의 상황 및 변화에 대해서만 작업하거나 고려하는 것이 가능하다. 이것은 주의가 산만해지지 않고 어떤 것에 집중하거나 주의를 기울일 수 있는 능력과 연관하여 제2장에서 설명한 제한된 주의 지속시간과는 다르다. 오히려 사람들은 시스템 변화와 같이 명확한 종점이 없는 개발을 상상하기는 어렵다. 그러나 시간 단편화의 결과를 최소화하려면 변화를 가져오는데 필요한 행동이 명확한 시작과 끝이 있지만 그 효과에 대해서는 그렇지 않다는 사실을 받아들여야 한다. 행동이 시작되기 전(흄의 두 번째 규칙참조)에는 분명히 효과를 기대할 수 없지만, 그것이 언제 일어날지 그리고 최종 결과가 나타나기까지 얼마나 걸릴지 설명하기는 훨씬 더 어렵다. 시스템 내에는 항상 알려지지 않았거나 인식되지 않은 커플링과 의존성이 존재하기 때문이다. 그럼에도 불구하고 개입 또는 방해와 같은 것이 정착하는데 얼마나 시간이 걸릴지에 대한 현실성은 필수적이다. 또한, 변화가 끝날 때까지 얼마나 걸릴지, 그러므로 언제 결과를 찾거나 측정하는 것이 합리적인지 아는 것도 상당히 어려울 수 있다는 점도 받아들일 필요가 있다. 마지막으로, 상황이 어떻게 결합되는지에 대해 알려진 것이 거의 없다는 사실을 인정할 필요가 있다. 그 이유 중 하나는 오늘날의 조직이란 단순히 복잡하기보다는 얽혀 있기 때문이다.

변화를 도입할 절호의 기회 측면에서 시간을 생각하는 것이 유용할 수 있다. 항상 시작이 불가능한 (일반적으로 가장 이른 출발시간으로 알려진) 시점이 있을 것이다. 레빈이 설명한 해빙 단계와 같은 준비가 필요할 수 있다. 생산가동 또는 진행 중인 프로젝트와 같은 일부 활동을 완료해야 할 수도 있으며, 변화가 시작되기 전에 이전 개입의 효과가 진정될 때까지 기다려야 할 수도 있다(물론 이것이 언제 발생했는지 알고 있다고 가정한다). 마찬가지로, 가장 늦은 출발시간으로 알려진 시점이 있으며 그 이후는 시작하기에 너무 늦는다. 따라서 변화를 도입할 수 있는 절호의 기회는 가장 이른 출발시간에 의해 한쪽 끝이 결정되고 다른 쪽 끝은 가장 늦은 출발시간에 의해 결정된다. 그러나 변화가 언제 시작될 수 있는지 합리적으로 명확한 이해는 있지만 언제 끝날지에 대한 불확실성은 더 많다. 물론 변화를 가져오는 개입이나 행동은 어느 시점에는 끝나겠지만, 효과나 결과가 언제 나타나고 언제 안정될지는 확실하지 않다. 효과는 변화의 결과가 관찰 가능하거나 측정 가능할 것으로 기대하는 것이 합리적인 시기를 나타내며, 안정은 새로운 균형에 도달하는 시기를 나타낸다(그림6.5 참조). 덴마크 초등학교 개혁의 예에서 알 수 있듯이, 프로젝트 기간과 자금이 소진될 때쯤 결과가 확립될 것으로 가정한다(프로젝트를 관리하는 사람은 누구나 그 점을 잘 알고 있을 것이다). 그러나 그것이 언제인지 실제로 결정하는데 도움 될 만한 경험적 증거는 거의 없다. 문제점은 단순히 변화나 개입이 완료되기까지 걸리는 시간을 실제로 거의 알지 못한다는 것이다.

  직접적이거나 의도된 효과와 관련된 문제 외에도 잠재적으로 간접적이거나 의도하지 않은 효과와 관련된 문제도 있다. 다루기 힘들거나 얽힘으로 인해, 변화가 "공식적"으로 끝난 후 오랜 시간 후에야 스스로 드러나는 간접적인 효과나 의도하지 않은 결과도 있을 수 있으며, 의도된 효과도 무효화 할 수 있다. 70여 년 전에 제시되었지만, 레빈의 해빙 및 동결 개념은 오늘날에도 일리가 있다. 해빙의 목적은 변화의 영향을 받을 사람들에게 정보를 제공하고, 준비하고, 동기를 부여하며, 참여시키거나, 일상적인 활동과 습관을 조사하여 변화의 전제조건을 명확히 하고 변화의 근거가 되는 가정의 정확성을 보장하는 것이어야 한다. 해빙은 원치 않는 놀라움을 유발할 수 있는 숨겨진 전개 사항이 없도록 해야 한다. 마찬가지로, 변화가 끝났을 때 동결의 목적은 개선된 조건이 통합되기 전에 새로운 균형상태가 진정으로 확립되었는지 확인하는 것이다. 이러한 변화는 의도적으로 균형을 깨뜨렸을 것이며, 일이 다시 정상상태로 안정되기까지 오랜 시간이 걸릴 수 있다. 비록 이것이 언제 발생할지 예측하기 어렵더라도 그렇게 하거나 최소한 진지하게 시도해야 한다. 그렇지 않으면, 예상했던 시점에 의도한 결과가 부족하거나, 얼마동안 예상하지 못하고 의도하지 않은 결과가 발생할 가능성이 매우 높다.

  시간의 단편화 결과를 최소화하려면 변화 및 기간, 즉 개입이나 활동뿐만 아니라 결과 또는 효과에 대해 가능한 한 현실적이어야 한다. 물론 변화는 항상 한정된 기간이어야 하지만 예상 기간은 전통, 관습, 근거 없는 낙관적 추측, 정치적 편의성이나 희망사항보다는 현실적 평가에 기초해야 한다. 변화가 일정시간에 일어나고 일정기간동안 되도록 계획하고 준비해야 한다는 것은 불가피하다. 이를 수행하는데 있어 가장 중요한 관심사는 일반적으로 효율성, 즉 의도하고 원하는 결과가 시간과 예산 내에서 달성되도록 하는 것이다. 그러나 이는 준비와 계획에 있어서 최소한의 철저함 없이는 이루어질 수 없으며, 이는 실제로 일이 어떻게 실행되는지(Work-As-Done)에 대한 타당한 이해가 있어야 한다. 변화는 일어날 일에 대한 가정(Work-As-Imagined)을 기반으로 해서는 안 된다. 이는 필연적으로 과소하게 특정되거나 완전히 잘못될 것이기 때문이다. 완전성(Thoroughness)을 기반으로 변화에 대한 시간대를 정의하고 올바른 범위를 선택할 필요가 있다. 첫째는 연관된 과정과 기능의 동태(Dynamics)를 충분히 이해하는 것이 필수적이며, 기능은 숨겨진 의존성(Dependencies)뿐만 아니라 주변 및 일시적 경계 밖에서 일어나는 일의 동태를 이해하는 것 역시 필수적이다(그림 6.7 참조).

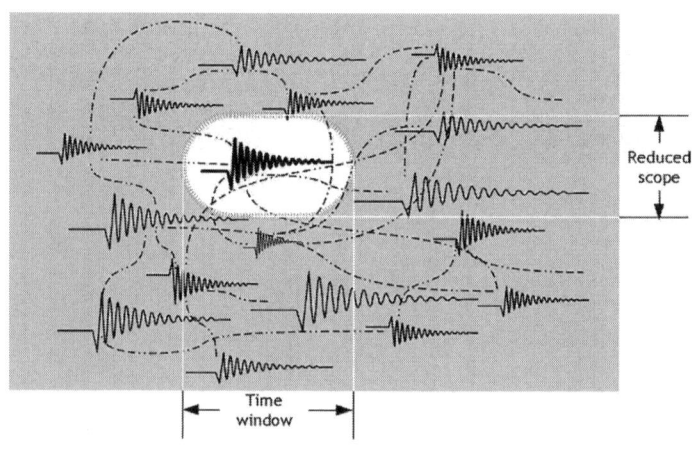

그림6.7 변화관리의 현실적 필요조건

변화를 위한 시간대는 개입에 대한 동태뿐만 아니라 일시적 경계(그

제6장 - 융합적 변화관리(Synetic change management)

림6.7의 "축소된 범위")의 내부 및 주변에서 일어나는 일에 대한 타당한 이해를 기반으로 규정되어야 한다. 어떤 "강제력(Forces)" 또는 전개가 개입을 시작하고 어떻게 발전할 것인지? 그것들은 어떻게 상호간 또는 다른 프로세스에 의존하고 있으며, 기능적 공명(Functional resonance) 개념에서 설명한 것처럼, 사소하게 보이는 출력물이 어떻게 통합되어 중대한 결과로 전개될 수 있는지(Hollnagel, 2012)? 중요한 변동성의 근원이 될 수 있는 무엇이든 경계 내에 있도록 일시적 경계가 규정되어야 하므로 선택한 범위에 비례하여 시간대를 규정해야 한다(제7장에서 자세히 설명한다). 범위는 분명히 제한되어야 하지만 경계의 규정은 효율성보다는 철저함이 필요하다. 편리함이나 습관보다 변화가 일어나는 동안, 일어날 수 있는 그 밖의 다른 일들에 대한 타당한 이해를 기반으로 해야 한다.

6-5 시스템 변화의 기본적 동태
(The basic dynamics of making a change to a system)

그림6.8은 시스템에 변화를 주는 기본적인 동태를 설명하기 위해서 인과루프(Causal loop)가 어떻게 이용될 수 있는지를 보여준다. 예를 들어, 왼쪽 하단부에 "반영하고 미리 생각하는 시간"이라 부르는 변화의 계획을 시작한다. 다음 단계인 "적시 적절한 조치"에 대한 연결은 직접적인 비례관계를 나타내는 "+" 기호로 표시하며, 즉, 미리 계획하고 생

각하는데 더 많은 시간과 노력을 들인다면, 결과적인 조치가 시기적절하고 적합할 가능성이 높다. 반대로, 미리 생각하는데 소요되는 시간과 노력이 적으면 후속 조치가 시기적절하며 적합할 가능성은 적다. "시기적절하고 적합한 조치"와 "예상되는 상황전개" 사이의 연결은 동일한 방식으로 표시되며 동일한 추론이 여기에 적용된다. 조치가 시기적절하고 적합할수록 상황이 예상대로 전개될 가능성이 높아진다.

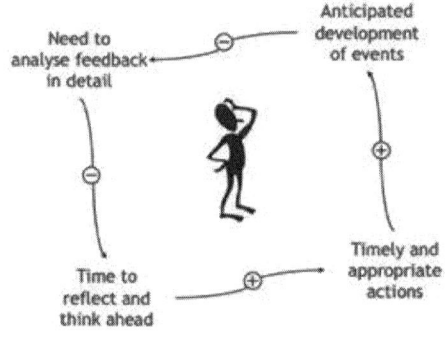

그림6.8 인과루프의 변화관리

"예상되는 상황전개"와 "피드백 세부분석 필요" 사이의 연결은 "-" 기호로 표시되어 반비례로 가정된다. 즉, 상황이 예상대로 전개되면 예상대로 전개되지 않을 때 보다 결과를 분석해야 할 필요성이 적어진다는 의미이다. 반대로 예상치 못한 결과물인 경우 무슨 일이 있었는지 이해하기 위해 분석할 필요가 더 많아진다. (그러나 이것은 예상되는 결과

제6장 - 융합적 변화관리(Synetic change management)

가 당연한 것으로 받아들여질 수 있고 그것에 주의를 기울여서는 안 된다는 것을 의미하지는 않는다. 이는 또 다른 이야기지만 확증편향을 인지하는 것이 중요하다.) "피드백 세부분석 필요"와 "반영하고 미리 생각하는 시간"도 반비례로 표시되어 있다. 이는 단순히 피드백을 분석하는데 더 많은 시간이 필요하면 다음 단계를 계획하는데 사용할 수 있는 시간이 줄어들기 때문에 적절한 조치가 이루어질 가능성이 낮아진다는 것을 의미한다.

그림6.8의 목적은 프로세스의 기본 동태 중 일부를 포착하는 한 가지 방법을 설명하는 것이지만, 결코 현실적인 변화관리 모델은 아니다(FRAM 방식으로 구축된 모델이 더 정확하지만 여기에 기재하지는 않는다). 또한 제5장에 설명된 변화모델의 중심특징인 일부 버전의 사이클로 간주되어서는 안 된다. 그림6.8에 표시된 인과루프는 변화의 계획 및 준비과정에서 충분한 시간과 노력을 들여야 하는 철저함의 중요성을 강조한다. 반영하고 미리 생각하는데 충분한 시간을 할애한다면 조치가 시기적절하고 적합할 가능성이 높다. 그렇기 때문에 결과가 예상과 같을 가능성이 높아 피드백을 분석하는 것도 필요한 시간과 노력이 줄어든다. 이것은 (다시) 미리 생각하고 계획할 시간이 더 많다는 것을 의미하고, 따라서 그 자체로 구축되는 긍정적인 전개가 이루어진다. 반대로, 반영하고 미리 생각하는 시간이 충분하지 않은 경우, 조치가 시기적절하고 적합할 가능성이 낮아 결과가 예상대로 될 가능성도 적다. 즉, 피드백을 분석하는데 더 많은 시간과 노력이 필요하므로 미리 생각하고 계획할 시간이 부족하다. 즉, 부정적인 전개는 문제를 계속 악화시킨다.

전략 대 전술(Strategy versus tactics)

규제와 관리에서도 중요한 차이점은 전략과 전술이다. 이 개념은 손자(Sun Tzu, c.544~496 BC)와 클라우제비츠(Carl von Clausewitz, 1780-1831)의 유명한 전쟁연구와 군대에서 비롯되었지만, 다른 많은 부분에서도 사용되도록 각색되었다. 전략은 일반적으로 장기적 또는 전체적인 목표를 달성하도록 설계된 행동계획 또는 마스터플랜으로 정의될 수 있다(전체 계획에 대한 레빈의 개념과 유사). 클라우제비츠는 다음과 같이 서술하였다.

전략은 전쟁의 종결을 위해 전투를 이용하는 것이므로, 전쟁의 목적에 부합하는 전체 군사 행동에 대한 목표를 주어야 한다. 다시 말해, 전략은 전쟁의 계획을 형성하고, 발표한 목표와 동일한 목표를 가져올 일련의 행위를 연결한다. 즉, 별도의 캠페인에 대한 계획을 세우고 각각의 전투를 규제한다. 이 모든 것들은 추측에 의해서만 결정될 수 있는 것들이며, 그중 일부는 부정확한 것으로 판명되는 반면, 세부사항과 관련된 수많은 다른 준비는 사전에 전혀 이루어질 수 없기 때문에, 당연히, 전략은 세부사항을 즉각 마련하기 위해 군대와 함께 전쟁 현장에서, 끊임없이 필요한 일반계획을 수정해야 한다. 따라서 전략은 한순간도 그 일에서 손을 뗄 수가 없다.

(Carl von Clausewitz, 1989; org. 1832, p.177)

제6장 - 융합적 변화관리(Synetic change management)

현대의 경영문헌에서 전략이라는 용어는 1960년대에 처음 사용되었다. 군사용어와 마찬가지로 "기업의 장기적 목표와 행동 경로의 결정, 이러한 목표에 도달하는데 필요한 자원의 할당"이라는 의미였다. 전략은 전반적인 목적을 목표로 하며, 전술은 목적을 성취하기 위해 계획된 방법의 일부 인 개념적 행동이다. 이 행동은 하나 이상의 특정 과제로 구현될 수 있다.

전략과 전술의 차이는 슈첸베르거(Schützenberger, 1954)가 제시한 예를 통해 설명할 수 있다. 언덕 꼭대기에 있는 사람이 가능한 한 빨리 계곡에 있는 집에 가고 싶어 한다고 생각해보자. 내려가는 길은 바위, 개울, 습지 등 여러 장해물이 있어 직통로를 이용할 수는 없다.

이 문제의 분명한 최종 해결책은 지역지도를 작은 영역으로 나누고, 각 지역을 개별적으로 횡단하는데 걸리는 시간을 찾고, 해당 지역을 언덕 꼭대기와 집 사이의 가능한 모든 사슬로 연결해보고, 그 다음 어떤 사슬이 여정에 가장 적은 시간을 제공하는지를 찾는 것이다. 그렇게 선택된 경로는 가장 최적이며 문제의 "전략"이라고 부르는 것에 의해 선택되었다. ... 물론 여행자는 그렇게 정교한 방법을 사용하지는 않는다. 일반적인 방법은 단계적으로 선택하는 것이다. 먼저 빠르게 도달할 수 있는 약100피트 아래 지점을 선택한다. 그다음 거기에 도착한 후 빠르게 내려갈 수 있는 100피트 낮은 지점을 다시 선택하고, 집에 도착할 때까지 반복한다. 이 방법을 전략과는 대조적으로 전술이라고 부른다. 전술은 상황 전체를 고려하지 않고 단계별로 국부적으로 적용되는 최적성의 기준에 따라 진행한다는 점에서 전략과는 다르다.

(Schützenberger, 1954, pp.206-207)

변화관리 전술과 관련하여, 변화가 일어나는 동안 주변 환경과 비교하여 안정적으로 유지되는 소규모 시스템 또는 하위시스템으로 변화가 제한된다는 점에서 이전에 설명한 점진주의 원칙에 해당하는 것으로 볼 수 있다. 이는 단순히 편의를 위해 선택한 축소가 아니라 결과를 완전히 실현하기 위해 의도되고 고려된 범위의 축소를 나타낸다.

네 번째 단편화?(A fourth fragmentation?)

변화관리의 피할 수 없는 도전은 제2장과 제3장에 설명된 이유와 같이 어려울 수 있지만, 단편화되기보다는 함께 통합된 생각을 할 필요가 있다. 서로 다른 문제가 어떻게 결합되고 서로 직간접적으로 의존하는지를 의도적으로 시도함으로써 역사적 바탕을 둔 단편화를 극복할 수 있다. 이것이 이 책이 시도한 본질이다. 그러나 인간의 마음이 작용하는 근본 방식으로 인해 단편화를 극복하거나 되돌릴 수는 없다. 대신, 이 장에서 주장하는 방식으로 보상할 수 있다.

초점 단편화의 결과는 문제가 서로 의존한다는 것을 인정하고 이 장에서 설명한 테크닉을 이용하여 이러한 종속성을 더 자세히 설명하거나 모델링함으로써 보상될 수 있다. 범위 단편화의 결과는 경계가 형성

제6장 - 융합적 변화관리(Synetic change management)

되는 방법과 위치의 영향을 인식하고, 주변 환경의 동태를 이해하며, 특히 "노이즈"의 중요한 근거가 있는 곳을 제한하고, 점진주의의 원칙에 따라 적절한 크기의 단계를 선택함으로써 제한될 수 있다. 마지막으로, 시간 단편화의 결과는 시기와 특히 변화의 기간, 즉 개입 자체뿐 아니라 결과에 대해 현실적으로 대처함으로써 처리될 수 있다.

절실히 필요한 사안을 통합하는 방법이 앞에서 요약한 세 가지 유형의 단편화, 즉 초점, 범위 및 시간을 가리키는 분석을 수반한다는 것이 약간 아이러니하다. 그러나 메타-단편화(Meta-fragmentation)로 부를 수 있는 네 번째 유형의 단편화는, 아무리 좋은 의도이더라도 단순히 어떤 것을 분할하지 않고 전체로 보는 것이 인간적으로는 불가능하기 때문에 필요하다. 그러나 이 분석은 결코 혼자서는 안 되는 첫걸음일 뿐이다. 현재와 미래의 사회-기술시스템의 일관성 있는 관리를 위해 필요한 융합(Synesis)을 구축하는 것이 중요하다.

제7장 - 필요한 지식의 결합
(A nexus of necessary knowledge)

"실험을 시작하기 전에, 대부분의 실험자들이 당연하게 여기는 것이 실험의 어떤 결과보다도 훨씬 더 흥미롭다."

(Norbert Wiener)

7-1 소개(Introduction)

이 책 전반에 걸쳐 계속되는 주제는 개인과 조직이 매일 직면하는 과제와 기회의 이면에 무엇이 있는지, 특히 조직의 변화관리와 관련하여 이해해야 한다는 것이다. 위대한 사상가나 철학자뿐만 아니라 나머지 우리들도 불안을 해소하고, 규제하며, 의도하고 필요한 방향으로 일이 전개되도록 보장하고, 원치 않는 놀라움을 최소화하기 위해 어떤 일

제7장 - 필요한 지식의 결합(A nexus of necessary knowledge)

이 발생하는지 계속해서 이해하려고 노력해왔다. 그러한 필요성은 지난 50~70년 동안 기술과 사회가 더욱 빠르게 발전하면서 줄어들지를 않았다. 반대로, 무슨 일이 일어나는지 완전히 이해하지 못하는 우리의 무능력은 해결한 것보다 더 많은 문제를 일으킬 수 있는 일련의 끊임없는 개선책만 내놓았다.

이 문제에 대한 마법의 해결책은 아마 없을 것이다. 그러나 이것이 우리가 보다 정확하게 진단하려는 진지한 시도, 특히 연구개발의 출발점이 되어야하기 때문에 어떤 지식이 부족한지 알아내려는 시도를 멈춰서는 안 된다. 수학, 기하학 및 형식논리와 같은 형식과학이나 생물학, 화학 및 물리학과 같은 자연과학과는 달리, 사회과학이나 행동과학에는 원리, 체계적 분류 또는 보편적으로 허용되는 분류법이 없다. 아마도 최고의 대안은 어떻게든 해결해야 할 실제문제와 연관된 지식, 즉 존재하는 지식과 아직 개발 중인 지식을 형성하는 것이다. 변화관리의 경우 수년에 걸쳐 축적된 경험에서 나온 아래의 세 가지 주제는 모두 다함께 필요한 지식의 결합을 형성하는 것으로 볼 수 있다.

첫 번째 주제는 시스템이 무엇이며 어떻게 기능하는지, 시스템을 이해하는데 필요한 지식이다. 이것은 "시스템적 관점"과 같은 보기 좋은 표현을 넘어 시스템에 대한 이해가 변화관리에 어떻게 도움이 될 수 있는지를 보다 정확하게 특성화하기 위해 노력해야 한다. 두 번째 주제는 변동성에 대한 지식으로써 인간과 사회-기술시스템이 잘못 이해한 노력을 기울일 때도 결점이 없는 기계로써 작동하지는 않는다는 사실이다. 기계와는 다르게 사회-기술시스템은 변동성 없이 기능할 수 없다는 인식이다. 세 번째 주제는 사회-기술시스템의 실행에서 볼 수 있는 규칙성과 지배적인 수행패턴에 대한 지식이다. 이러한 패턴은 시간이 지남에 따라 사람들이 자신의 일에 유용하다고 생각하는 경험적 발견법(Heuristics)과 습관에 익숙하게 만든다.

7-2 시스템에 대한 지식(Knowledge about systems)

시스템이라는 용어는 라틴어 systēma에서 유래했으며, 그 자체는 그리스어 σύστημα 로부터 온 것으로 "여러 부분 또는 구성원으로 이루어진 전체 개념" 또는 문자 그대로 "구성요소"의 의미이다. 이 용어는, 한편으로는 개별적으로 구별할 수 있고 다른 한편으로는 분리보다는 함께 고려하는 것이 합리적 방식으로, 서로 연관되어있는 일련의 독립체를 설명하는데 사용된다(참조: 제5장에서 이용한 시스템의 정의[AD Hall and RE Fagen], 또는 데밍의 정의에서는 "시스템의 목적을 달성하기 위해 함께 작동하는 상호의존적 구성요소의 네트워크"라고 했다(Deming, 1994, p.95]). 시스템은 또한 구성 주체를 위해 적용가능하거나 의미 있는 것과는 다른 설명 방법이나 형식도 필요하다.

전체로서 시스템이라는 용어는 특정한 관점보다 포괄적이거나 종합적인 관점을 채택하는 것이 필요하고 유용함을 강조하기 위해 자주 사용된다. 이 용어의 단점은 시스템이 어떤 방식으로든 다른 것과 관련되거나 의존하지 않고 그 자체로 완전하다는 의미에서 결코 온전하지 않다. 제4장 열역학적 엔트로피에서 논의한 바와 같이, 실제로는 제어시스템, 그 이상의 제어시스템 등이 항상 있으며, 시스템의 시스템(System of systems) 개념과 같이 시스템은 다른 시스템의 일부일 수 있다. 전체로서의 시스템을 거론하는 것은 경계를 정의하는 문제를 명쾌하게 피해가기도 한다. 완전체로서의 시스템은 다른 것을 고려할 필요가 없음을 시사한다. 특히 시스템 "외부"에는 아무것도 없고 주변 환경이나 전후 사정도 없다는 것을 암시한다. 그러나 시스템에는 항상 경계가 있으며 이는 필히 규정되고 알려져야 한다. 또한 확실히 제어 가능한 것과 그렇지 않은 것에 대한 결과를 낳는다.

시스템의 본질: 구조 및 기능
(The nature of systems: structure and function)

일반적으로 시스템이 "대상물의 집합"으로 정의될 때, 시스템의 구조, 부품이나 요소의 배열 또는 결합방법을 참조하는 것이 합리적이다. 이것은 시스템이 고정식(집)이든 이동식(비행기)이든, 단순한(수중시계) 것이나 복잡한(발전소) 것과는 관계없이 물리적 부품이나 실체로 구성된 시스템에 대해서는 분명 합리적이다. 그러나 조직이나 시스템의 구조를 막연하게 언급하는 경우에도 조직 같은 사회시스템의 구조에 대해 거론하는 것은 실제로 이치에 맞지 않는다. 물론 조직은 일반적으로 연결 라인이 권한과 의사소통 등을 나타내는 과, 부서, 구성단위 및 부문의 계층적 배열로 묘사된다(그림1.1 참조). 조직구조는 역할과 책임을 할당하는 방식, 제어 및 조정하는 방식, 조직의 다른 부분들 간의 정보흐름방식 등을 결정한다고 전해진다.

그렇다고 해도 조직의 구조나 시스템 구성을 참조하는 것보다 조직이 수행하는 일과 의도된 전체 수행에 필요한 기능 및 조직의 구성방식으로 설명하는 것이 더 유용하다. "조직하다"의 어원은 "악기" 또는 "도구"를 의미하는 라틴어 organum이다. 도구가 무엇인가보다는 도구로 무엇을 할 수 있느냐가 더 중요하다. 따라서 구조나 구성의 대안으로써, 시스템 또는 조직은 특정한 실행을 산출하는데 필요한 결합된 기능의 집합으로 정의할 수 있다. 기능적 정의는 흥미로울 뿐 아니라 더 유용하기도 하다. 그리고 의미는 다르지만, 조직 구조에 적용하는 것도 실제 가능하다.

한 조직에서 찾을 수 있는 기능의 수는 일반적으로 너무 많아서 개별기능이 아닌 기능집합으로 생각하는 것이 합리적이다. 이러한 기능 집합 중 일부는 구체적이고 지속적인 활동을 수행하는 부분이기 때문에 언제든지 활성화된다. 활성화된 집합 내에서 기능은 밀접하게 결합되고 서로 연관되어 지속적으로 변화한다. 더욱이 중간규모의 조직에서도 여러 일들이 동시에 일어날 수 있기 때문에 이러한 집합이 여러 개 있을 수 있다. 특정 활동과 관련하여 이러한 기능은 전경기능 또는 전경기능(Foreground functions)의 집합(들)이라고 할 수 있다. 군대의 공급라인이나 적시(JIT)생산을 위한 공급흐름과 같이 중요기능에 필요한 지원이나 배경을 제공하는 다른 기능의 집합들도 있을 것이다.

이러한 기능도 활성화되지만 일반적으로 더 규칙적이므로 예측가능하다는 의미에서 안정적이다. 장기적으로 필요한 기능이 있을 수 있지만 주어진 활동의 초점에 비해 휴면기로 잘 특징지어질 수 있다. 이 접근방식을 이용하여 조직을 설명하고 어느 시점에서든 적은 수의 기능만이 적응(Adaptive)할 수 있다는 주장(March & Simon)으로, 즉 변화하고 있고 나머지는 상대적으로 안정적이라는, 논쟁은 계속되었다.

조직의 구조는 단순히 상대적으로 안정적이고 느리게 변화하는 조직 내 행동 패턴의 측면에서 구성된다.

(March & simon, 1993, p.191)

기본적인 주장은 모든 것이 동시에 변화하면, 즉 모든 것이 유동적이라면 시스템이나 조직이 기능할 수 없다는 것이다. 변화와 적응의 기준이 될 수 있는 일부기능이나 안정적인 (배경)기능집합이 있어야 하며, 이들은 변화가 진행되는 활성적인 (전경)기능보다 더 안정적이어야 한다. 배경기능은 속도는 느리지만 여전히 변화하고, 전경기능만큼 긴밀하게 결합하지는 않는다. 이러한 방식의 시각은 여러 수준의 기능 측면에서 조직을 설명하는데 이용할 수도 있으며, 각 수준은 이전 수준보다 더 안정적이거나 더 느리게 변화한다. "단기적응성은 일반적으로 말하는 문제해결, 장기적응성은 학습과 부합 한다"고 제안했다(March & simon, Ibid., p. 192). 항해 비유의 관점에서, 현재 위치의 변화만큼 항해 자체에 있어서도 변화는 필수적이다. 그러나 목표는 적어도 항해의 주요 구간동안 안정적이어야 하며, 그렇지 않으면 위치 변화가 올바른 방향으로 진행되었는지 알 수 없기 때문이다.

서로 다른 안정성을 갖는 기능들의 집합을 생각함으로써, 분해 및 구성요소 없이 조직구조에 대해서 생각할 수 있게 된다. 구조는 더 이상 부품이나 구성요소가 공식적으로 배열되는 방식이 아니라, 기능들이 함께 작동하여 무언가를 달성하는 방식을 나타낸다. 따라서 필요한 안정성은 활동기간에 비례한다(전경 및 배경기능의 정의도 초점이 맞춰진 활동과 비례한다). 활동이 전체적으로 발생하는 한 일부 기능들의 집합은 안정적이어야 하며, 일부는 더 짧은 부분에만 안정적이다.

경계선(On boundaries)

어떤 것을 시스템 또는 시스템의 시스템이라고 부르는 것은 시스템이 아닌 것과 분리되거나 구별될 수 있다는 뜻이다. 시스템의 시스템을 일반적으로 주위환경 또는 주변(Surroundings)이라고 한다. 시스템이 항상 주변을 기준으로 정의된다는 것은 경계가 있어야 한다는 뜻이다. 경계는 시스템을 경계 안에 있는 것으로, 주변을 그 경계 외부에 있는 것으로 나타낼 수 있다. 시스템은 분명히 유한하다. 주변에도 마찬가지인지는 또 다른 문제이다. 비록 실용적으로는 항상 한계가 있겠지만 원칙적으로는 우주만큼 무한할 수도 있다. 경계는 전통적으로 구조/구성요소/부분의 측면에서 물리적으로 정의되었으므로 상대적으로 안정적으로 여겨졌다. 이것은 생산성, 품질 및 안전성이 주요 이슈가 되었던 당시에는 분명히 타당했다. 모든 경우가 초점이 잘 구성된 환경에서의 작업 활동이었기 때문이다. 그러나 그것은 한 세기 전이었고, 오늘날에는 프로세스와 그 안정성 또는 변동성 측면에서 기능적으로 경계를 설명하는 것이 더 합리적이다. 이는 경계를 더 유동적이고 투과성 있게 만든다. 후자는 물질, 에너지, 특히 정보가 경계를 통과할 수 있어야하기 때문에 중요하다. 그렇지 않으면 시스템은 주변 환경의 영향을 받을 수 없으므로 제어가 불가능한 폐쇄된 시스템이 될 것이다.

주어진 시스템에서, 주위환경은 속성이 시스템에 영향을 미치는 변화와 시스템 동작에 의해 속성이 변화하는 모든 개체의 집합이다.
(Hall & Fagen, 1968, p.83)

PDSA와 같은 단편화된 변화관리 체계는 경계를 명시적으로 지칭하지 않는다. 그럼에도 불구하고 이러한 체계가 시사하는 범위의 단편화를 통해 간접적으로 정의된다. 변화의 계획은 항상 제한된 범위와 연관하여 일어나므로 따라서 경계를 가정한다. 제6장에서 설명한 바와 같이, 일시적으로 정의된 경계는 다른 조건은 동일한(Ceteris paribus) 원칙의 논리적 결과이며, 상황이나 주변 환경은 예측가능하고 안정적인 것으로 간주할 필요가 있다. 의도한 바를 달성하거나 예방하는데 있어서 결과에 영향을 미칠 수 있는 역할을 하며, 그 조건이나 요인에 대해 "실행의 차이는 전후맥락의 차이일 수도 있다." (Øvretveit, 2011) 고 하고,

적절한 지식 없이 변화를 주거나 개선을 계획하는 것은 불가능하다. 그러나 고전적 변화 패러다임의 전후맥락은 "품질개선 개입자체의 일부가 아닌 모든 요소들"로 모호하게 정의된다(Øvretveit, 2011, p.18). 종종 개선을 위한 조건으로도 불리는, 개선의 효과성에 영향을 미칠 수 있는 주변부분은 "실행조직의 내부(예: 정보기술)와 그 외부(예: 지급 및 제어시스템), 그리고 다양한 수준의 건전한 시스템에 의해 만들어지고 운용 된다"(Ibid.) 라고 모호하게 정의하고 있다.

그럼에도 불구하고 경계가 있음을 인식할 뿐만 아니라 경계선 내부의 시스템, 외부 주변과 전후사정, 그리고 원칙적으로 나머지 세계를 구별하기 위해 경계를 더 명확하게 정의할 수 있어야 한다. 두 경우 모두 어느 곳에서 어떤 일이 어떻게 일어나는지에 대해 충분히 아는 것이 중요하다. 시스템의 동태나 실제로 진행되는 일에 대한 이해는 의도한 변화를 가져오기 위해 더 구체적인 개입을 제안하고 "위치(Position) 변화"를 위한 전제조건이기 때문에 시스템 내부와 관련하여 필수적이다. 일반적으로 이를 시스템 모델이라고 하며 제4장 및 제6장에서 논의되었다. 그러나 주변도 그곳에서 발생하는 일이 시그널을 약화, 왜곡 또는 억제할 수 있는 노이즈의 중요한 원천을 형성하지만, 때로는 시그널을 증폭하거나 강화시키기도 하기 때문에 주변도 마찬가지로 필수적이다.

경계는 분석 목적에 의한 일련의 기준에 따라 정의되어야하기 때문에 항상 절대적이기 보다 상대적이므로 구조보다는 시스템의 기능에 달려있다. 일반적인 관점에서 이러한 차이는, 주변 환경은 시스템에 입력물을 제공하고 그 시스템의 출력물에 반응한다는 것을 의미한다. 위의 정의에서 설명한 것처럼, 주변이 시스템에 반응하는 (일부) 주변 환경을 단순히 시스템에 포함시키는 것이 아니라 시스템의 주변 환경으로 합리적으로 간주할 수 있다. 그러나 무의식적으로 그렇게 하지 않는 것은 경계 문제를 해결하지 못한 채 영원히 경계를 바깥으로 옮기는 결과를 낳을 뿐이다. 또한 주변 환경자체에 경계가 있거나 주변 환경이 무한하게 넓을 수도 있다. 이러한 질문에 대한 답을 잘 찾을 수 있는 것은 형식적인 입장보다 실용적인 입장을 취하는 것이다. 실제로 시스템 경계는 절대적인 의미로 결정지을 수는 없고 특정 목적이나 목표에 따라 결정될 뿐이다. 사실 시스템은 수행에 필요한 기능들을 제한하고 그렇지 않은 기능들은 제외함으로써 분석 목적에 따라 이루어진다. (문제는, 제6장에서 설명한 대로 끊임없이 확대된 일의 관점 때문에 필요한 기능집합이 지속적으로 증가하고 있다는 것이다.)

시스템 또는 조직의 경계는 두 가지 측면을 고려하여 실용적으로 정의할 수 있다. 첫 번째는 기능이 시스템에 중요한지 여부, 즉 기능이 시스템에 중요한 변동성의 원인인지 여부이다. 두 번째는 시스템이 기능을 효과적으로 제어하여 변동성이 사전에 정의되고 허용 가능한 범위를 유지할 수 있는지 여부이다. 이러한 기준을 사용하여 표7.1에 나타낸 바와 같이 시스템의 경계를 결정하는 방법에 대한 실용적인 정의를 제안할 수 있다.

표7.1 경계의 기능적 정의

	제어력을 유지하기 위해 시스템 능력에 중요한 기능	제어력을 유지하기 위해 시스템 능력에 중요하지 않은 기능
효과적으로 제어할 수 있는 기능	1. 기능이 시스템에 포함되어 있다.	2. 기능이 시스템에 포함될 수 있다.
효과적으로 제어할 수 없는 기능	3. 기능이 시스템에 포함되지 않는다.	4. 기능이 전체적으로 설명에서 제외되었다.

표 7.1의 네 가지 범주 중, 세 번째 범주가 여러 면에서 가장 중요하다. 시스템을 제어하거나 시스템 변화를 관리하는 능력에 대한 중요한 기능을 제어할 수 없다면, 계획되고 의도한 바를 달성할 수 없게 만드는 노이즈의 원인이 된다. 단순히 "다른 모든 것은 동일"하다고 가정함으로써 이러한 것들을 방치하거나 무시하는 것은 무책임하다. 대신, 그들을 제어하기 위해 모든 합리적인 노력을 기울여야 하며, 따라서 그들이 시스템 경계 내에 있도록 해야 한다. 이것이 불가능하다면 하나의 합리적인 대안은 계획된 변화의 범위를 수정하고 "과장된 관심의 신속성"과 충돌하더라도 그에 따른 의욕을 조정하는 것이다.

7-3 변동성에 대한 지식(Knowledge about variability)

예측가능성은 제어의 필수조건이며 따라서 효과적인 관리에도 필요하다. 예측 불가능하거나 불규칙한 것이 있을수록 대응하기까지의 시간이 더 오래 걸리고, 시간손실은 제어에 결정적일 수 있다. 반대로, 상황과 결과가 예측가능하거나 규칙적일 때, 준비된 상태이기에 신속하게 대응할 수 있는 것이다(Westrum, 2006). 마찬가지로, 개입의 결과가 예상한대로인 경우, 확증편향의 속도를 조절하면 변화관리를 질서 있게 진행할 수 있다. 그렇지 않다면, 단계적 개선주기를 중단하고 포기해야 할 수도 있다. 따라서 전통적인 추론이 그러하듯, 뜻밖의 일을 피하려면 변동성을 피하여 예측가능성이 보장되어야 한다. 품질과 안전의 유산은 표준화와 규정준수를 해결책으로 제시한다(제2장 참조).

이상원인과 우연원인(Assignable versus Chance causes)

품질과 안전성의 또 다른 유산은 모든 결과에는 원인이 있기 때문에 원치 않는 결과는 원인을 찾아 제거함으로써 피할 수 있다는 믿음이다. 이는 적어도 데이비드 흄의 규칙(제6장, 특히 규칙#4)으로 거슬러 올라갈 수 있으며 현재의 무사고 비전(예: Zwetsloot et al., 2013)에서도 인식할 수 있다. 안전성의 유산은 단순히 근본원인과 관련된 분석방법의 개념이다. 품질의 유산은 약간 복잡하다. 즉, 이상원인(또는 특수원인)과 우연원인(또는 공통원인)의 개념이다.

제2장에서 논의한 바와 같이, 슈하르트는 이상원인과 우연원인 두 가지 유형의 원인이 있다고 주장했다. 품질이 관리규제의 상한 또는 하

한을 초과하면 이상원인에서 설명을 찾을 수 있었으며, 이는 실제로 원인을 찾아내고 처리하는데 따른 이점이 비용보다 크다는 것을 뜻한다. 그러나 이것은 다음 문장이 명확하게 보여주듯이 이론적이라기보다는 실용적 구분이었다.

원인이 한계를 벗어나면, 경험상 이상원인을 찾을 수 있지만, 한계 내에 있을 때는 변동성의 원인을 찾을 수 없다.

(Shewhart, 1931, p.19)

데밍은 우연원인, 공통원인, 이상원인 및 특수원인이라고 부른 것을 제외하고는 동일한 주장을 했다.

변동성의 공통원인은 장기간에 걸쳐 관리차트상의 모든 규제한계 내에 포함되며, 매일 로트별(lot to lot)로 유지된다. 변동성의 특수원인은 공통원인 체계의 일부가 아니라 무언가 특별하다.

(Deming, 1994, p.174)

따라서 우연원인 또는 공통원인은 초점을 맞춘 프로세스나 활동의 "자연적" 변동성을 나타내는 반면, 이상원인 또는 특수원인은 식별되고 제어될 수 있는 특정조건을 나타낸다. 따라서 차이는 변동성의 "본성(nature)"이 아니라 그 진폭과 빈도에 있을 것이다. (우연원인 및 이상원인은 동등한 정당성을 갖는 것으로, 허용할 수 있거나 허용할 수 없는, 또는 감당할 수 있거나 감당할 수 없는 원인이라고 할 수 있다.) PDSA와 같은 변화관리 접근방식은 슈하르트의 가설을 기반으로 하므로 이상원인의 현실에 의존하며, 계획된 변화 자체가 특히 중요하다. 의도적 이상원인으로서의 계획된 변화는, 시스템 또는 조건이 결정적이므로 의도된 결과로 이어질 것이다. 우연적 변화(우연원인)가 있을 수 있지만, 규정상으로는 너무 작거나 그 결과가 너무 작아서 다른 모든 조건은 동일하다는 원칙에 따라 무시될 수 있다. 따라서 PDCA 사이클의 "확인"은 근본적인 가설을 확인하는 역할을 한다. 즉, 알려지지 않은 이상원인은 없다.

이와는 대조적으로, 현대적인 관점에서 변동성은 잘 되는 일뿐 아니라 실패한 일에 대한 수행력의 기초가 되는 수행조정(Performance Adjustments)에 기인한다고 주장한다(Hollnagel, 2014). 이 관점에 따르면 슈하르트의 가설은 틀렸으며 우연원인은 예측할 수 없다는 의미에서 실제로 우발적이거나 확률적이지 않다. 따라서 두 가지 원인을 구분하는 전통을 수정할 필요가 있다. 제6장("Signal and noise - again!")에서 논의된 것처럼, 두 가지 유형의 원인은 모두 동일한 기반 또는 근원을 갖고 있으며, 이는 조직의 모든 수준에서 이루어지고 일이 잘 진행되기 위해 필요한 조정이다. 결과적으로 우연원인은 우연에 의존하지 않으며 이상원인은 전혀 특별하지 않다. 반대로, 지정 가능한 것으로 분류될 정도로 커지는 것은 우연의 일치일 뿐이다. 따라서 근본원인이라고 불리는 것에 해당하는 이상원인 또는 특수원인을 찾기보다는, 조정이 필요한 조건에 초점을 맞춰야 하며, 기능공명분석

(FRAM)으로 알려진 과정을 통하여, 때로는 분명한 원인으로 인식될 정도로 큰 조정으로 이어질 수 있다(Hollnagel, 2012). 사실 이상원인을 제거하는 철학은, 허용할 수 있거나 허용할 수 없는 다른 이유들로 발생하는 다른 원인들에 대한 가설에 기반을 두고 있기 때문에 잘못 되었다. Safety-II 관점에서는 두 가지 모두가 같은 이유로 발생한다. 즉, 수행조정은 모든 종류의 활동에 필요하다. 차이점은 근원이 아니라 결과의 크기에 있다. 따라서 이상원인을 제거하면 일이 잘 되는데 필요한 수행조정의 기반이 손상될 수 있다.

또 다른 측면은 인과관계와 발현(Emergence)의 문제이다. 이상원인의 기본개념은 프로세스단계를 추적하고 특정요인이나 원인의 결과로 본다는 의미에서 결과는 발현되는 것이 아니라 결과적이라고 가정한다. 이 경우의 시스템은 계획에 따라 설계되고 구축되었기 때문에 제조 및 생산의 맥락에서 분명 의미가 있다. 그러나 이 가정은 더 역동적이고 다루기 힘든 시스템에는 적용하기 어렵다. 일부 결과가 결과적이 아닌 발현적으로 가정하거나 최소한 비선형적 버전의 인과관계가 필요하다고 가정하면 결과의 변동성은 다르게 설명되어야 한다.

자산으로서의 변동성(Variability as an asset)

레질리언스 엔지니어링과 Safety-II는 일이 잘 진행되려면 수행조정(수행변동성)이 필요하지만 때로는 예상치 못하거나 원치 않는 결과로 이어진다고 주장한다. 변동성은 사회-기술시스템의 기본 특성이며, 어떤 시스템이든 자체적으로 구성, 운용 또는 유지할 수 없기 때문에 모든 시스템은 어떤 방식으로든 사회-기술시스템이다. 수행조정은 시스템의 본질과 심리적 단편화로 인하여 불가피할 뿐만 아니라, 계획과 준비가 항상 불완전하고 결함이 있기 때문에 필수적이다. 상황에 대한 완전한 정보를 얻는데 충분한 절대 시간과 자원은 없다. (해결책 대안은 상황의 변동성을 줄여 기존지식으로 충분하게 하는 것이다. 즉, 설계된 세계[World-as-imagined]와 설계된 일[Work-as-imagined]도 현실 세상과 일치하도록 만드는 것이다. 그러나 경험에 따르면 이 해결책은 현실적으로 제대로 작동하지 않는다.) 모든 상황은 불충분하기에, 계획은 정확할 수 없다. 따라서 일 도중에는 항상 예상치 못한 상황이나 조건이 발생하며, 이러한 것을 극복하기 위해 수행조정이 요구된다. 수행력을 미리 능동적으로 조정할 수 있는 잠재역량은, 해결책을 개선하기도 하며 문제를 악화시키기도 한다. 우리의 "추측"이 정확하다면 무언가를 얻고, 정확하지 않다면 잃을 것이다. 어떤 판단이 필요한 상황이 충분히 명확해졌을 때만 대응함으로써 "안전한 플레이"만 하는 해결책은, 결국 우리가 뒤쳐져 있으므로 더 많은 예상 밖의 일을 극복하거나, 보상하려는 시간이 더 적어진다는 것을 의미한다.

해결책은 적어도 원칙적으로는 비교적 간단하다. 변동성과 명백한 비결정론은 본질적으로 확률적이기보다는 기능적이고 목적의식적이다. 다른 사람들이 그들 자신이 하는 일을 얼마나 잘 제어하고 행동의 결과를 예측하거나 예상할 수 있는지에 따라 제한된다는 것을 고려하면 목적의식적이다. 그들은 무작위적이지 않기 때문에 완전히 비결정론적인 것은 아니다. 그러나 우리가 어떻게 하면 제어력을 유지하는 능력을 가장 잘 이해하고 향상시킬 수 있는지는 의문으로 남는다. 이것이 변동성에 대해 필요한 지식 결합의 필수부분인 이유이다.

7-4 수행패턴에 대한 지식
(Knowledge about performance patterns)

세 번째 질문 또는 세 번째 지식 영역은, 인적수행의 특성에 관한 것이다. 이것은 두 가지 다른 방식으로 이해할 수 있다. 사람들은 자신이 하는 일을 왜 하는지(수행의 동기 또는 원동력)또는 자신이 하는 일을 어떻게 하는지에 대해 언급하는 것이다. 첫 번째는 테일러가 함께 일하는 사람들이 일일 작업량의 1/3 이상을 생산하지 못한 이유를 이해하기 어렵다는 것을 알았을 때 당황한 것이었다. 같은 종류의 당혹감은 "단편화 범주(Narrow bracketing)"와 손실 회피에 대한 이후 연구에서도 나타나는데, 이는 사람들이 인지된 손실 대신 인지된 이득을 기반으로 결정하는 것을 설명한다(Kahneman & Tversky, 1979).

융합(Synesis)과 관련하여, 두 번째 버전의 질문이 더 흥미롭다. 조직을 운영하고, 변화를 관리하며, 특히 개입에 대한 반응을 예측할 수 있으려면 인적수행의 특성이나 패턴을 알고 그것이 어떻게 발생하는지 이해하는 것이 필요하다. 인간은 절대적으로 필요에 따라 수행하도록 지시받거나 프로그래밍 되어있는 기계나 로봇이 아니기 때문에, 설계된 일(WAI)과 실행된 일(WAD)을 구분하는 것이 매우 중요하다. 사람들은 자신을 관리하는 사람들에게 타당하기보다는 자신에게 타당한 일을 한다. 그것을 반대하거나 부정하고 무시하기보다는 그것을 인정하고 함께 일하는 것이 중요하다.

조정의 필요성(The necessity of adjustments)

관리에 문제가 되는 쟁점의 단편화는 개인에게도 문제가 될 수 있다. 비록 조직의 성명서나 지지하는 가치가 그런 것처럼 보여도 인적수행은 한 가지 기준만을 충족해서는 안 된다. 사람들이 하는 일은 항상 다양하고, 변화하며 종종 상충되는 수행의 기준을 충족해야 한다. 이들 중 일부는 조직으로부터, 일부는 업무의 사회적 환경, 그룹의 기대 등으로부터, 그리고 일부는 개인의 야망과 일에 대한 기대, 즉 공유된 가정과 열망 또는 요구수준(Anspruchsniveau)으로부터 온다. 다양한 버전의 조직문화는 문화를 "우리가 여기에서 하는 방식"으로 정의하여 이것을 포착하려고 노력해왔다.

인간은 일반적으로 현재 상황에 맞게 자신이 하는 일과 그 방법을 조정하여 다양한 요구에 대처한다. 이는 적응, 최적화, 만족도, 풍족함, 인지노력 최소화, 작업량 최소화와 같은 용어로 다양한 방식으로 설명되었으며 다양한 형태의 균형 측면에서 분석되었다(Hoffman &

Woods, 2011). 출발점으로, 사람들은 효율성과 완전성, 자원과 수요 사이의 허용 가능한 균형 또는 절충을 이루기 위해 끊임없이 노력한다고 가정하는 것이 타당하다(Hollnagel, 2009). 한편으로는, 그들은 진정으로 자신이 해야 할 일, 또는 최소한 그 일이 합리적이라고 믿는 일을 하려고 노력하고, 상황이 허락하는 한 철저히 하려고 한다. 반면에, 그들은 불필요한 노력과 시간 또는 자원의 낭비를 피하면서 가능한 한 효율적으로 수행하려고 한다.

　이러한 균형(Trade-off)을 이루기 위해, 주변에서 일어나는 모든 일의 상대적 안정성에 의존하고, "비교적 안정적이고 느리게만 변화하는 조직의 행동패턴 측면"에 의존한다(March & Simon, 1993, p.191). 만약 작업 상황을 완전히 예측할 수 없다면, 어떤 지름길을 택하거나, 작업을 어떻게 더 효율적으로 수행할 수 있는지를 배우는 것조차 불가능하다. 반대로, 작업환경에 일정한 규칙성 또는 안정성이 측정되면, 항상 그렇듯, 예측이 가능해진다. 이 규칙성은 지속적인 수행 패턴과 수행력을 최적화하기 위해 활용하는 절충으로써 차례로 발생하며, 그렇게 순환이 끝난다. 인적수행은 전체적으로 체계적이지만, 연산적(Algorithmic)이기보다는 경험적(Heuristic)이다. (휴리스틱은 최적의, 완벽한, 합리적인 보장은 없지만 그럼에도 불구하고 즉각적인 단기 목표를 달성할 수 있는 실용적 방법이다.) 단편화의 심리적 이유나 우리의 사고를 지배하는 단순한 사실들은, 이러한 경험적인 것이 변화관리를 포함한 조직 전체의 작업에서 발견된다는 것을 의미한다.

규칙성 및 효율성(Regularity and efficiency)

사람들은 정상적인 상황에서, 중요하지 않은 측면이나 조건을 무시하는 법을 빠르게 배우기 때문에 인적수행은 효율적이다. 이러한 조정은 개인에게 편리한 책략일 뿐 아니라 조직 전체에 필요한 조건이기도 하다. 개인이 불필요한 노력을 피하기 위해 수행을 조정하는 것처럼 조직도 마찬가지다. 이것은 일이 어떻게 발생하는지 이해하고 따라서 어떻게 관리되고 변화되는지 이해하는데 필수적인 기능적 상호성을 만든다. 조직 또는 시스템 수준의 수행조정은 개별 수행의 집계된 효과가 상대적으로 안정적이지 않는 한 효과적일 수 없다. 반대로, 조직의 안정적이고 효율적인 수행은 개인이 수행하는 수행조정의 전제조건인 작업환경의 규칙성을 제공하여 일상 업무의 효율성을 높인다. 개별적 수행에 관한 한 조정은 예외가 아니라 표준이다. 사실, 전형적이거나 "정상적"인 수행은 규칙과 규정에 의해 정해진 수행이 아니라 조정의 결과로 발생하는, 즉 작업환경의 규칙성을 반영하는 균형 상태로 발생하는 것이다. 따라서 효율성이 규칙성의 전제조건인 것처럼 규칙성은 효율성의 전제조건이다. 이를 충분하게 이해하는 것이 비로소 필요한 지식 결합에 근본적으로 이바지하는 것이다.

7-5 결론(Final words)

우리는 조직의 존립과 장기적 지속가능성을 위해 필수적인 이슈에 대해, 고립되거나 단편화되지 않는 방식으로 관심을 가져야 한다. 반대로, 역사적이거나 심리적 이유를 막론하고, 단편화의 결과를 극복하는 것이 절대적으로 필요하다. 이를 위해서는 무엇보다도 변화의 범위와 기간을 현실적으로 파악하여 공통적인 문제와 이슈를 다루는 방식을 바꿔야 한다. 우리는 생산성에 관심을 갖고 단기 및 장기 생산목표를 모두 보장하기 위해 고립되거나 단편화되지 않는 방식으로 할 수 있는 모든 것을 해야 한다. 우리는 품질에 관심을 기울이고 원하는 품질을 달성하기 위해 고립되거나 단편화되지 않는 방식으로 최선을 다해야 한다. 우리는 일이 잘 되거나 실패할 때도 고립되거나 단편화되지 않는 방식으로 안전에 관심을 가져야 한다. 마지막으로, 우리는 신뢰성에 관심을 갖고 시스템 수행의 모든 측면에서 기능의 필요한 신뢰성을 보장하기 위해 고립되거나 단편화되지 않는 방식으로 신뢰성에 관심을 가져야 한다.

세상의 진정한 문제는 그것이 불합리한 세상도 합리적인 세상도 아니라는 것이다. 가장 흔한 종류의 문제는 거의 합리적이지만 완전히 그런 것은 아니다. 인생은 비논리적이지 않다. 그러나 논리학자들에게는 함정이다. 그것은 실제보다 좀 더 수학적이고 규칙적으로 보인다. 그 정확성은 분명하지만, 부정확성은 숨겨져 있고, 그 야생성은 숨어서 기다린다.

(G. K. Chesterton, 2008; org.1909)

참고문헌

Adamski, A. & Westrum, R. (2003). Requisite imagination: The fine art of anticipating what might go wrong. In E. Hollnagel (Ed.), Handbook of cognitive task design (pp. 193-220). Mahwah, NJ: Lawrence Erlbaum Associates.

Advisory Group on Reliability of Electronic Equipment (AGREE). (1957). Reliability of military electronic equipment. U.S. Department of Defense. U.S. Government Printing Office, Washington, DC.

Aristotle. (1970). Aristotle's physics: Books 1 & 2. Oxford: Clarendon Press.

Ashby, W. R. (1957). An introduction to cybernetics. London: Chapman & Hall, Ltd.

Beer, S. (1984). The viable system model: Its provenance, development, methodology and pathology. Journal of the Operational Research Society, 35(1), 7-25.

Berengueres, J. (2007). The Toyota production system re-contextualized. www.lulu.com.

Bird, F. E. (1974). Management guide to loss control. Atlanta, GA: Institute Press.

Boyd, J. (1987). Destruction and creation. US Army Command and

General Staff College. http://goalsys.com/books/documents/DESTRUCTION_AND_CREATION.pdf (Accessed June 1, 2020).

Brehmer, B. (2005). The dynamic OODA loop: Amalgamating Boyd's OODA loop and the cybernetic approach to command and control. In Proceedings of the 10th international command and control research technology symposium, 13-16 June 2005, MacLean, VA, 365-368.

Carroll, J. M. & Campbell, R. L. (1988). Artifacts as psychological theories: The case of human: Computer interaction. IBM Research Report RC 13454, Watson Research Center, Yorktown Heights, New York.

Chesterton, G. K. (2008). Orthodoxy. West Valley City, UT: Waking Lion Press.

Conant, R. C. & Ashby, W. R. (1970). Every good regulator of a system must be a model of that system. International Journal of Systems Science, 1(2), 89-97.

Coombs, C. H., Dawes, R. M., & Tversky, A. (1970). Mathematical psychology. Englewood Cliffs, NJ: Prentice Hall, Inc.

Dekker, S. W. & Woods, D. D. (2002). MABA-MABA or abracadabra? Progress on human: Automation co-ordination. Cognition, Technology & Work, 4(4), 240-244.

Deming, W. E. (1994). The new economics for industry, government, education (2nd ed.). Cambridge, MA: The MIT Press.

Donnelly, P. & Kirk, P. (2015). Use the PDSA model for effective change management. Education for Primary Care, 26(4), 279-281.

Drury, H. B. (1918). Scientific management: A history and criticism. Studies in History, Economics, and Public Law, 65(2), Whole Number 157.

Emery, F. E. & Trist, E. L. (1965). The causal texture of environments. Human Relations, 18, 21-32.

Fitts, P. M. (1951). Human engineering for an effective air-navigation and traffic-control system. Washington, DC: National Research Council.

Forrester, J. W. (1971). Counterintuitive behavior of social systems. Technological Forecasting and Social Change, 3, 1-22.

Gribbin, J. (2003). The scientists: A history of science told through the lives of its greatest inventors. London: Penguin Books, Ltd.

Hall, A. D. & Fagen, R. E. (1968). Definition of system. In W. Buckley (Ed.), Modern systems research for the behavioural scientist. Chicago: Aldine Publishing Company.

Harvey, L. & Green, D. (1993). Defining quality. Assessment & Evaluation in Higher Education, 18(1), 9-34.

Heinrich, H. W. (1928). The origin of accents. The Travelers Standard, 16(6), 121-137.

Heinrich, H. W. (1929). The foundation of a major injury. The Travelers Standard, 17(1), 1-10.

Heinrich, H. W. (1931). Industrial accident prevention: A scientific approach. New York: McGraw-Hill.

Hoffman, R. R. & Woods, D. D. (2011). Beyond Simon's slice: Five fundamental trade-offs that bound the performance of macrocognitive work systems. IEEE Intelligent Systems, 26(6), 67-71.

Hollnagel, E. (2003). Prolegomenon to cognitive task design. In E. Hollnagel (Ed.), Handbook of cognitive task design (pp. 3-16). Mahwah, NJ, USA: Lawrence Erlbaum Associates.

Hollnagel, E. (2009). The ETTO principle: Efficiency- thoroughness trade-off: Why things that go right sometimes go wrong. Aldershot, UK: Ashgate.

Hollnagel, E. (2012). FRAM: The functional resonance analysis method: Modelling complex socio-technical systems. Farnham, UK: Ashgate.

Hollnagel, E. (2014). Safety-I and Safety-II: The past and future of safety management. Farnham, UK: Ashgate.

Hollnagel, E., Pariès, J., Woods, D. D., & Wreathall, J. (Eds.). (2011). Resilience engineering perspectives volume 3: Resilience engineering in practice. Farnham, UK: Ashgate.

Hollnagel, E. & Woods, D. D. (2005). Joint cognitive systems: Foundations of cognitive systems engineering. Boca Raton, FL: CRC Press/Taylor & Francis.

Hollnagel, E., Woods, D. D., & Leveson, N. G. (2006). Resilience engineering: Concepts and precepts. Aldershot, UK: Ashgate Publishing Ltd.

Hume, D. (1985). A treatise of human nature. London: Penguin Books.

Institute for Healthcare Improvement. (2019). How to improve. www.ihi.org/resources/Pages/HowtoImprove/ScienceofImprovementTestingChanges.as px (Accessed November 11, 2019).

International Transport Forum. (2018). Safety management systems: Summary and conclusions. Roundtable 172. Paris: OECD.

ISO. (2015). Quality management systems: Requirements (ISO 9001:2015(en)). Geneva, Schweitz: International Organization for Standardization. www.iso.org/obp/ui/#iso:std:iso:9001:ed-5:v1:en (Accessed January 8, 2020).

James, W. (1890). The principles of psychology. London: Macmillan and Co.

Kahneman, D. & Tversky, A. (1979). Prospect theory: An analysis of decision under risk. Econometrica, 47(2), 263-291.

Klein, G. A., Orasanu, J. M., Calderwood, R., & Zsambok, C. (1993). Decision making in action: Models and methods. Norwood, NJ: Ablex Publishing Corporation.

Kurtz, C. & Snowden, D. J. (2003). The new dynamics of strategy: Sense-making in a complex and complicated world. IBM Systems Journal, 42(3), 462-483.

Leveson, N. G. (1992). High-pressure steam engines and computer software. In Proceedings of the 14th international conference on software engineering (pp.2-14). New York, NY: Association for Computing Machinery.

Lewes, G. H. (1875). Problems of life and mind. Boston: James R. Osgood and Company.

Lewin, K. (1946). Action research and minority problems. In G. W. Lewin (Ed.), Resolving social conflict. London: Harper & Row.

Lewin, K. (1951). Frontiers in group dynamics. In D. Cartwright (Ed.), Field theory in social science. New York: Harper & Row.

Lindblom, C. E. (1959). The science of "muddling through". Public Administration Review, 19(2), 79-88.

Lofquist, E. A. & Lines, R. (2017). Keeping promises: A process study of escalating commitment leading to organizational change collapse. The Journal of Applied Behavioral Science, 53(4), 417-445.

March, J. G. & Simon, H. A. (1993). Organizations (2nd ed.). Cambridge, MA: Blackwell Business.

Maruyama, M. (1963). The second cybernetics: Deviation- amplifying mutual causal processes. American Scientist, 5(2), 164-179.

Maurino, D. (2017). Why SMS: An introduction and overview of safety management systems (SMS). Draft Discussion Paper for the Roundtable on Safety Management Systems, March 23-24. Paris: OECD, International Transportation Forum.

Merton, R. K. (1936). The unanticipated consequences of purposive social action. American Sociological Review, 1(6), 894-904.

Milgram, S. (1967). The small world problem. Psychology Today, 2(1), 60-67.

Miller, G. A. (1956). The magical number seven, plus or minus two: Some limits on our capacity for processing information. Psychological Review, 63(2), 81-97.

Miller, J. G. (1960). Information input overload and psychopathology. American Journal of Psychiatry, 116(8), 695-704.

Miller, J. G. (1978). Living systems. New York: McGraw-Hill.

Moen, R. & Norman, C. (2009). Evolution of the PDCA cycle. Paper delivered to the Asian Network for Quality Conference in Tokyo, Japan, on September 17.

Nietzsche, F. (2007; org. 1895). Twilight of the idols. Published by Wordsworth Editions, UK.

Øvretveit, J. (2011). Understanding the conditions for improvement: Research to discover which context influences affect improvement success. BMJ Quality & Safety, 20(Suppl. 1), i18ei23. doi:10.1136/bmjqs.2010.045955.

Paxton, L. J. (2007). "Faster, better, and cheaper" at NASA: Lessons learned in managing and accepting risk. Acta Astronautica, 61(10), 954-963.

Perrow, C. (1984). Normal accidents: Living with high risk technologies. New York: Basic Books, Inc.

Pigeau, R. & McCann, C. (2002). Re-conceptualizing command and control. Canadian Military Journal, 3(1), 53-63.

Rasmussen, J. (1986). Information processing and human-machine interaction. New York: North-Holland.

Reason, J. T. (1988). Cognitive aids in process environments: Prostheses or tools? In E. Hollnagel, G. Mancini, & D. D. Woods (Eds.), Cognitive engineering in complex dynamic worlds. London: Academic Press.

Reason, J. T. (2000). Safety paradoxes and safety culture. Injury Control & Safety Promotion, 7(1), 3-14.

Roberts, K. H. (1989). New challenges in organizational research: High reliability organizations. Organization & Environment, 3(2), 111-125.

Roberts, K. H. (1990). Some characteristics of one type of high reliability organization. Organization Science, 1(2), 160-176.

Saleh, J. H. & Marais, K. (2006). Highlights from the early (and pre-) history of reliability engineering. Reliability Engineering and System Safety, 91, 249-256.

Schützenberger, M. P. (1954). A tentative classification of goal-seeking behaviours. Journal of Mental Science, 100, 97-102.

Shewhart, W. A. (1931). The economic control of quality of manufactured product. New York, NY: D. Van Nostrand Company.

Shewhart, W. A. (1939). Statistical method from the viewpoint of quality control. Department of Agriculture. Washington, DC: Graduate School of the Department of Agriculture.

Simon, H. A. (1956). Rational Choice and the Structure of the Environment. Psychological Review, 63(2), 129-138.

Smith, A. (1986). The wealth of nations. Harmondsworth, UK: Penguin Classics.

Stevenson, R. L. (1969). Treasure Island. Harmondsworth, UK: Penguin Books Ltd.

Swain, A. D. & Guttmann, H. E. (1983). Handbook of human reliability analysis with emphasis on nuclear plant applications. NUREG/CR-1278. Albuquerque, NM: Sandia Laboratories.

Tajfel, H. & Turner, J. C. (1986). The social identity theory of intergroup behaviour. In S. Worchel & W. G. Austin (Eds.), Psychology of intergroup relations (pp. 7-24). Chicago, IL: Nelson-Hall.

Taylor, F. W. (1911). The principles of scientific management. New York, NY: Harper & Brothers.

Tolstoy, L. (1993). War and peace. Ware, Hertfordshire: Wordsworth Classics.

Tversky, A. & Kahneman, D. (1974). Judgment under uncertainty: Heuristics and biases. Science, 185(4157), 1124-1131.

von Clausewitz, C. (1989). On war. Princeton, NJ: Princeton University Press.

Weick, K. E. & Sutcliffe, K. M. (2001). Managing the unexpected: Resilient performance in an age of uncertainty. San Francisco, CA: Jossey- Bass.

Westrum, R. (2006). A typology of resilience situations. In E. Hollnagel, D. D.

Woods, & N. Leveson (Eds.), Resilience engineering: Concepts and precepts (pp. 55-65). Aldershot, UK: Ashgate.

Wikipedia. Quality management system.

https://en.wikipedia.org/wiki/Quality_management_system.

Woods, D. D. & Watts, J. C. (1997). How not to have to navigate through too many displays. In Handbook of human-computer interaction (pp. 617-650). Amsterdam, the Netherlands: Elsevier Science B. V.

Wright, R. (2004). A short history of progress. Toronto: Anansi Press.

Zwetsloot, G. I. J. M., Aaltonen, M., Wybo, J.-L., Saari, J., Kines, P., & Op De Beeck, R. (2013). The case for research into the zero accident vision. Safety Science, 58, 41-48.